平面设计与制作

100%
1080Px1920
120FPF

RCE
HDR
4K

3..2..1..0..1..2..3

U0378327

突破平面

刘彩霞 / 编著

Premiere Pro 2022

短视频与视频制作

清华大学出版社

北京

内 容 简 介

本书将 Premiere Pro 2022 的软件功能与当前热门的短视频内容进行了紧密结合，全面地讲解了视频编辑的基础知识，以及 Premiere Pro 2022 软件的使用方法和技巧。

全书共 10 章，由浅入深地剖析了视频制作的流程，并详细讲解了 Premiere Pro 2022 的视频编辑基础、工作环境、基本操作、素材剪辑、转场特效、字幕制作、视频效果、运动特效、音频效果、素材采集与叠加、抠像等核心技术。本书技法全面，案例经典，具有很强的针对性和实用性，用户在动手实践的过程中可以轻松掌握软件的使用技巧，了解视频的制作过程，充分体验 Premiere Pro 的学习和使用乐趣，并做到学以致用。

本书可作为初学者快速、全面掌握 Premiere Pro 技术及应用的参考书，也可以作为各大专院校及培训学校相关专业的教材，还可作为广大视频编辑爱好者、影视动画制作者、影视编辑从业人员等的自学教程。

图书在版编目（CIP）数据

突破平面 Premiere Pro 2022 短视频与视频制作 / 刘彩霞编著 . —北京：清华大学出版社，2022.9
（平面设计与制作）
ISBN 978-7-302-61730-3

Ⅰ . ①突… Ⅱ . ①刘… Ⅲ . ①视频编辑软件 Ⅳ . ① TN94

中国版本图书馆 CIP 数据核字 (2022) 第 157351 号

责任编辑：陈绿春
封面设计：潘国文
责任校对：胡伟民
责任印制：朱雨萌

出版发行：清华大学出版社
      网　　址：http://www.tup.com.cn，http://www.wqbook.com
      地　　址：北京清华大学学研大厦 A 座　　　　　邮　　编：100084
      社 总 机：010-83470000　　　　　　　　　　邮　　购：010-62786544
      投稿与读者服务：010-62776969，c-service@tup.tsinghua.edu.cn
      质 量 反 馈：010-62772015，zhiliang@tup.tsinghua.edu.cn
印 装 者：天津鑫丰华印务有限公司
经　　销：全国新华书店
开　　本：188mm×260mm　　　　印　　张：14.5　　　　字　　数：430 千字
版　　次：2022 年 10 月第 1 版　　　印　　次：2022 年 10 月第 1 次印刷
定　　价：69.80 元

产品编号：085831-01

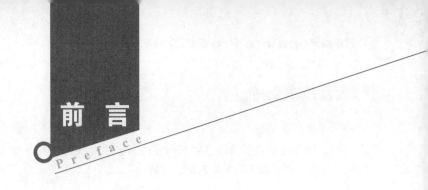

前　言
Preface

Premiere Pro 2022是Adobe公司推出的一款非常优秀的视频编辑软件，其凭借着编辑方式简便实用、对素材格式支持广泛、扩展性强等优势，得到了众多视频编辑工作者和爱好者的青睐。本书力求在一种轻松、愉快的学习氛围中，带领读者逐步深入地了解软件功能，学习Premiere Pro 2022的使用技巧。

编写特点

理论与实例相结合是本书的一大特点。每一章的开始部分会对整个章节所涉及的知识点进行讲解，然后讲解软件功能，最后再针对软件功能的应用制作不同类型的案例，读者在动手实践的过程中可以轻松掌握软件的使用技巧。本书每一章最后都配有经典案例，是章节所学知识的综合应用，具有重要的参考价值，用户可以边做边学，从新手快速成长为视频编辑高手。

内容安排

全书共10章。第1章和第2章主要介绍了视频编辑的基础知识，以及Premiere Pro 2022的工作环境和基本操作；第3章和第4章主要介绍了Premiere Pro 2022的视频特效和视频转场效果的应用及制作方法；第5章详细介绍了字幕的创建及应用方法；第6章主要讲解利用关键帧制作视频动画效果的方法；第7章详细介绍了MV的制作方法，以及音频效果的实现与使用；第8章重点介绍了独立影片的制作及画面色彩调整的方法；第9章着重介绍了抠像的具体应用；第10章为读者介绍了两个不同类型案例的制作方法，帮助读者巩固全书所学的知识。

本书主要以"理论知识讲解+实例应用讲解"的形式进行教学，能让初学者更易吸收书中内容，方便有一定基础的读者更有效率地掌握重点和难点，快速提升视频编辑制作的技能。

附赠资源

本书的附赠资源包括配套素材和最终效果文件及相关教学视频文件，用微信扫描下面的二维码即可进行下载。

配 套 素 材

教 学 视 频

如果在附赠资源的下载过程中碰到问题，请联系陈老师，联系邮箱chenlch@tup.tsinghua.edu.cn。

作者及技术支持

技 术 支 持

　　本书由西安工程大学刘彩霞编著，在本书的编写过程中，编者虽以科学、严谨的态度，力求精益求精，但疏漏之处在所难免，如果有任何技术上的问题，请用微信扫描右侧的二维码，联系相关的技术人员进行解决。

编者

2022年9月

目 录

Contents

第 9 章 特效短片——叠加方式与抠像技术 ············· 178

第 10 章 综合实例 ·············· 192

第1章 实现创意的好帮手——Premiere Pro 入门

Premiere Pro是Adobe公司推出的一款功能强大的视频编辑软件，其不仅支持剪辑、音频、字幕、调色、输出等一系列的操作，同时还具有很强的兼容性，可以与After Effects、Illustrator等其他软件协作，创建出许多意想不到的效果，是影视后期制作必备的专业软件。本书以Adobe Premiere Pro 2022版本编写，建议读者安装对应的版本进行学习。

1.1 开启创意大门

在正式学习Premiere Pro之前需要了解一些基础理论知识，包括后期编辑类型、视频编辑术语，以及常用的视频、音频、图像的格式等。

1.1.1 后期编辑类型

视频后期编辑是制作电视电影节目的基础，在后期编辑中可以将前期拍摄的素材进行梳理，将杂乱无序的镜头按照创作意图、事件的逻辑进行排序，重新组接，使之变成一个故事或是一组有意味的镜头组。视频后期编辑包括线性编辑和非线性编辑两种类型。

1. 线性编辑

线性编辑是指利用电子手段，按照播出节目的需求对原始素材进行顺序剪接处理，最终形成新的连续画面。其优点是技术比较成熟，操作相对比较简单，可以直接、直观地对素材录像带进行操作。但线性编辑系统所需的设备为编辑过程带来诸多不便，全套的设备不仅需要投入较高的资金，而且设备的连线多，故障发生频繁，维修起来更是复杂。线性编辑技术的编辑过程只能按时间顺序推进，无法删除、缩短或加长中间某一段的视频。

2. 非线性编辑

非线性编辑主要是借助计算机软件进行数字化制作，几乎所有的工作都在计算机中完成。这不仅减少了外部设备的数量，降低了故障发生的概率，更是突破了单一事件顺序编辑的限制。非线性编辑的实现主要靠软硬件的支持，两者的组合称为"非线性编辑系统"。一套完整的非线性编辑系统由计算机、视频卡、声卡、高速硬盘、专用特效卡及外围设备构成。相比线性编辑，非线性编辑的优点与特点主要集中在素材的预览、编辑点定位、素材调整的优化、素材组接、素材复制、特效功能、声音的编辑及视频的合成等方面。

1.1.2 视频编辑术语

对于初学视频编辑的用户来说，可能会对一些专业术语感到不解，下面详细讲解Premiere Pro中常用的视频编辑术语，帮助用户更好地理解和学习。

- 帧：帧是视频技术中常用的最小单位，指的是数字视频和传统影视里的基本单元信息，也就是说每个视频都可以看作是大量的静态图片按照时间顺序放映出来的，而构成的每一张图片就是一个单独的帧。

- 分辨率：分辨率指的是帧的大小，表示在单位区域内垂直和水平的像素数值，一般单位区域中像素数值越大，图像显示越清晰。

- 剪辑：剪辑指的是对素材进行修剪，这里的素材可以是视频、音频或图片等。

- 镜头：镜头是视频作品的基本构成元素，不同的镜头对应不同的场景，在视频制作过程中经常需要对多个镜头或场景进行切换。
- 字幕：字幕指的是在视频制作过程中添加的标志性信息元素，当画面中的信息量不够时，字幕就起到了补充信息的作用。
- 转场：转场指的是在视频中，从一个镜头切换到另外一个镜头时的过渡方式。转换过程中会加入过渡效果，例如淡入淡出、闪黑、闪白等。
- 特效：特效指的是在视频制作过程中，对画面中的元素添加的各种变形和动作效果。
- 渲染：渲染指的是为需要输出的视频文件应用了转场及其他特效后，将源文件信息组合成单个文件的过程。

1.1.3　常用视频格式

视频是计算机多媒体系统中的重要一环，为了适应存储视频的需要，人们设定了不同的视频文件格式，来把视频和音频放在一个文件中，以便同时回放。下面介绍几种常见的视频格式。

1. AVI

AVI是Audio Video Interleave的缩写，指的是音频视频交叉存取格式，这种视频格式的优点是图像质量好，可以跨多个平台使用；其缺点是体积过大。AVI格式对视频文件采用有损压缩，尽管画面质量不太好，但其应用范围仍然非常广泛。

2. MOV

MOV即QuickTime影片格式，是苹果公司开发的一种音频、视频文件格式，用于存储常用的数字媒体类型。MOV格式可用于保存音频和视频信息，具有很高的压缩比率和较完美的视频清晰度，其最大的特点还是跨平台性，不仅能支持MacOS操作系统，还支持Windows系列操作系统。

3. MPEG

MPEG的英文全称为Moving Picture Experts Group，即运动图像专家组格式。MPEG文件格式是运动图像压缩算法的国际标准，采用有损压缩方法，从而减少运动图像中的冗余信息。目前MPEG压缩标准主要有MPEG-1、MPEG-2、MPEG-4、MPEG-7与MPEG-21。

4. WMV

WMV的全称为Windows Media Video，是微软推出的一种流媒体格式。在同等视频质量下，WMV格式的体积非常小，因此很适合在网上进行播放和传输。WMV格式的主要优点是可扩充的媒体类型、本地或网络回放、可伸缩的媒体类型、流的优先级化、多语言支持、扩展性等。

1.1.4　常用音频格式

音频格式指的是数字音频的编码方式，也就是数字音频格式。不同的数字音频设备一般对应不同的音频格式文件。下面介绍几种常见的音频格式。

1. MP3

MP3是MPEG Audio Layer 3的缩写，是一种音频压缩技术。在MP3格式出现之前，一般的音频编码即使以有损方式进行压缩，能达到的压缩比例最高为4∶1。但是MP3格式的压缩比例可以达到12∶1，这是MP3格式迅速流行的原因之一。MP3格式利用人耳对高频声音信号不敏感的特性，将时域波形信号转换成频域信号，并划分成多个频段，对不同的频段使用不同的压缩率，对高频信号加大压缩比（甚至忽略信号），对低频信号使用小压缩比，以保证信号不失真。这样一来就相当于抛弃人耳基本听不到的高频声音，只保留能听到的低频部分，从而将声音用1∶10甚至1∶12的压缩率进行压缩，所以该格式具有文件小、音质好的特点。

2. WAV

WAV是微软公司开发的一种声音文件格式，其符合PIFF（Resource Interchange File Format）文件规范，多用于保存Windows平台的音频信息资源，被Windows平台及其应用程序所支持。WAV格式支持MSADPCM、CCITT A LAW等多种压缩算法，支持多种音频位数、采样频率和声道，标准格式的WAV文件和CD格式一样，采用的也是44.1KB的采样频率，速率为1411K/s，16位量化位数，WAV格式的声音文件质量和CD格式相差无几，也是PC端上广为流行的声音文件格式，几乎所有的音频编辑软件都可以识别WAV格式。

3. AAC

AAC是Advanced Audio Coding的缩写，中文音译高级音频编码的缩写。AAC是由Fraunhofer IIS-A、杜比和AT&T共同开发的一种音频格式，是MPEG-2规范的一部分。AAC所采用的运算法则与MP3的运算法则有所不同，其是通过结合其他功能来提高编码效率的。AAC格式同时支持多达48个音轨、15个低频音轨，具有多种采样率和比特率，以及多种语言的兼容能力、更高的解码效率。总之，AAC可以在比MP3文件缩小30%的前提下提供更好的音质。

4. RealAudio

RealAudio是一种可以在网络上实现传播和播放的音频格式。RealAudio的文件格式主要有以下几种表现形式：RA（RealAudio）、RM（RealMedia，RealAudio G2）、RMX（RealAudio Secured）等，统称为"Real"。这些格式的特点是可以随网络带宽的不同而改变声音的质量，在保证大多数人听到流畅声音的前提下，让带宽较富裕的听众获得较好的音质。

1.1.5 常见图像格式

图像文件是描绘一幅图像的计算机磁盘文件，其文件格式不下数十种。下面介绍几种常见的图像格式。

1. JPEG

JPEG是Joint Photographic Experts Group的缩写，是一种高效的压缩格式，最大特色就是文件占用内存小，通常用于网络传输图像的预览和一些超文本文档中。JPGE格式在压缩保存的过程中，会以失真方式丢掉一些数据，因此保存后的图像和原图就会有所差别，既没有原图质量好，也不支持透明度的处理，所以印刷品最好不要使用此图像格式。

2. TIFF

TIFF的英文全称为Tagged Image File Format，此格式便于在应用程序和计算机平台之间进行图像数据交换。在不需要图层或是高品质无损保存图片时，这是最适合的格式。其不仅支持全透明度的处理，还支持不同颜色模式、路径、通道，

这也是打印文档中最常用到的格式。

3. PSD

PSD格式是使用Adobe Photoshop软件生成的图像模式，可以保留图像的图层信息、通道蒙版信息等，便于后续修改和特效制作。用PSD格式保存文件时会对文件进行压缩，以减少占用的磁盘空间，由于PSD格式所包含的图像数据信息较多，因此格式要比图像文件大。

4. GIF

GIF格式是CompuServe提供的一种图形格式，该格式可在各种图像处理软件中通用，是经过压缩的文件格式。GIF格式一般占用空间较小，适用于网络传输，一般常用于存储动画效果图片。此外，GIF格式还可以广泛应用于HTML网页文档中，但其只能支持8位（256色）的图像文件。

1.2 Premiere Pro 适用领域

许多新手都会思考一个问题，那就是学会Premiere Pro之后能干什么？众所周知，Premiere Pro的视频编辑功能十分强大，适用于各种设计领域，不仅仅是人们所理解的剪辑视频片段那么简单。目前Premiere Pro被广泛应用于电视栏目包装、自媒体短视频制作、企业宣传片、广告设计等领域，用户只要熟练地掌握Premiere Pro软件，就可以考虑往以下就业方向发展。

1.2.1 电视栏目包装

说到Premiere Pro，很多人第一个想到的就是与电视、电影相关的行业，因此电视栏目包装行业也成了许多学习Premiere Pro的人所向往的行业。电视栏目包装主要是针对电视节目、频道的整体形象进行的一种外在形式要素的规范和强化，这些外在的形式要素包括声音、图像等。电视栏目包装的目的是为了突出节目的个性特征和特色，增强观众对于节目的识别能力，并通过包装使整个节目的风格保持统一，为观众带来更为丰富精美的视觉体验，如图1-1所示。

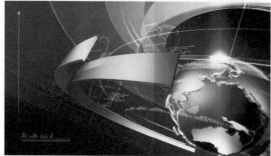

图 1-1

1.2.2 自媒体短视频

近年来，短视频的发展越来越迅猛，如今已进入了一个全新的自媒体时代，短视频被广泛应用到了各个行业中。Premiere Pro作为剪辑性能较强的代表性软件，自然得到了许多短视频用户的青睐。通过Premiere Pro软件，用户可以轻松地完成简单的合成及动画制作，如图1-2所示。

图 1-2

1.2.3 企业宣传片

在制作企业宣传片时，Premiere Pro可在视频剪辑、特效添加、片头的制作包装等环节发挥巨大作用。通过Premiere Pro不仅可以制作企业宣传片，还能制作婚礼宣传片、活动宣传片等，如图1-3所示。

图 1-3

1.2.4 广告设计

广告设计主要是利用图像、文字、声音、色彩等表达广告的元素，结合广告媒体的使用特征，在计算机上通过相关设计软件来实现表达目的和意图，从而起到宣传商品、活动、主题等内容的作用，来达到吸引观者眼球的目的，如图1-4所示。

图 1-4

1.2.5 MG动画

MG动画也可以称之为动态图形或图形动画，这是近几年来比较流行的一种动画风格。MG动画由多种制作软件制作而成，包括Cinema 4D、Adobe Premiere Pro、Illustrator、After Effects等。MG动画多为扁平化风格，相较于普通动画，MG动画的制作时间更短、节奏更快，能够在短时间内将大量的信息融入画面，将碎片化信息进行整合，比较符合当前互联网的传播特点，以及受众接受信息的偏好，如图1-5所示。

图 1-5

1.2.6 微电影制作

微电影指的是微型电影，也称微影，是通过互联网新媒体平台传播的30~60分钟之内的影片，制作周期通常为7~15周，时长低于一般的电影时长，规模较小，且能通过互联网平台进行发行。其内容融合了时尚潮流、公益教育、商业定制等主题，可单独成篇，也可独立成剧，如图1-6所示。

图 1-6

1.2.7 UI动效

UI动效是针对手机、平板电脑等移动端设备上运行的App设计的动画效果。随着手机等移动设备功能的不断提升，UI动效可以在传统静态UI设计的层面上，使App界面的呈现更加清晰和直观，使用户在操作界面时感到便捷、赏心悦目。UI动效可以帮助用户更加全面地了解一款App的核心价值、用途及独特之处，如图1-7所示。

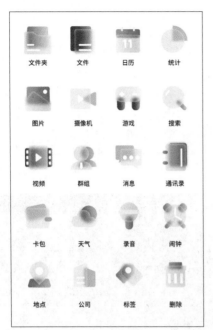

图 1-7

1.3 初识Premiere Pro 2022

Premiere Pro为了使用户能有更好的体验，每年都在不断地更新和完善。本节将详细介绍Premiere Pro 2022版本的各项功能，以及软件工作区、面板、菜单等内容。

1.3.1 Premiere Pro 2022新增功能

在Premiere Pro 2022旧版本的基础上，不仅对一些旧功能进行了优化，还增加了许多新功能，下面进行具体介绍。

1. 使用语音转文字功能自动建立字幕

使用自动转录功能，可以轻松将对话转换为字幕。新增和编辑字幕不仅提高参与度和降低观看障碍，还添加了十多种语言。

2. 自动变更影片的格式

自动重新构图功能可重新构图，加快工作流程，并优化社交媒体的素材，无论其构图形式是方形、垂直、16:9，还是4K解析度，都能使重要内容保持在影格中。

3. 无须猜测和比对颜色

Adobe Sensei AI技术支援的自动比对功能可以轻松准确地比对颜色，方便用户进行调整及编辑来配合自己的风格。

4. 图形和标题

Premiere Pro中的图形和字幕工作流程具有多项增强功能，包括全新的通用文本引擎、方便的拼写检查，以及在字幕和动态图形中查找和替换、更简单的文本导航等。

5. 拼写检查和查找和替换

通过文本面板中的新图形选项卡，可以有效地管理标题和图形。使用全局搜索和替换可以更新文本和标题，或者搜索序列中图形之间的导航。可以对任何带有文本的内容使用拼写检查。

6. 通用文本引擎

Premiere Pro现在具有通用文本引擎，可以更轻松、快速地在Premiere Pro和After Effects中处理多种语言。

7. 改进的具有多边形和圆角的形状工具

Premiere Pro中的形状工具已得到扩展和改进，包括新的多边形工具、改进的椭圆和矩形控件，以及定义和应用圆角的能力。

8. 钢笔工具改进

通过Premiere Pro中钢笔工具的改进，可以更精确地绘制线条，包括直线、完美的0°、45°、90°角，旋转现有线，并使用Bezier曲线添加控制点，无论是自定义角度还是限制为0°、45°和90°角都可以。

9. 升级开放项目的传统头衔

如果打开包含旧标题的项目，则会打开一个对话框，提示用户将旧标题更新为现代图形。按照提示进行更新即可。

10. 更简单的文本导航

通过改进文本导航，编辑文本变得更加容易。

11. 编辑和工作流程

此版本为专业剪辑师带来了改进，包括用于联动播放的便捷新按钮和简化的多机位工作流程。

12. 源和节目监视器的组合按钮

在节目和源监视器中添加一个新的组合按钮

以进行联动播放，可以更轻松地比较序列。新按钮使其在启用联动播放时提供视觉指示器。

13. 选择多机位缩略图

在"项目"面板中可以定义要用作多机位缩略图的摄像机视图。新的默认缩略图不是时间线中的顶部轨道，而是 A 相机，用户可以使用快捷键循环浏览相机视图，并在需要时选择新的缩略图。

14. 使用快捷键移动海报框架

使用快捷键可以将海报帧向前或向后移动 10 帧，批量编辑素材。

15. 更快地导入和更新字幕

字幕文件加载速度更快，并且可以更轻松地更新。导入字幕文件后，Premiere Pro 会在后台扫描文件。一旦字幕可用，用户可以使用新的"从源更新字幕"命令来填充时间线。

1.3.2　安装Premiere Pro 2022系统要求

下面介绍Premiere Pro 2022不同操作系统上的配置要求。

1. Windows版本

- 处理器：具有快速同步功能的 Intel® 第七代或更新版本的 CPU，或 AMD Ryzen™ 3000 系列/Threadripper 2000 系列或更新版本的 CPU。
- 操作系统：Microsoft Windows 10（64 位）版本 1909 或更高版本。
- 内存：16GB RAM，用于HD媒体，32GB或以上，用于4K媒体或更高分辨率。
- GPU：4 GB GPU 内存，适用于 HD 和某些 4K 媒体，6 GB 或以上，适用于 4K 和更高分辨率。
- 硬盘空间：用于应用程序安装和缓存的快速内部SSD，用于媒体的额外高速驱动器。
- 显示器分辨率：1920*1080或更大。
- 声卡：与ASIO兼容或Microsoft Windows Driver Model。
- 网络存储连接：10GB以太网，用于4K共享网络工作流程。

2. Mac OS版本

- 处理器：Intel® 第7代或更高版本的 CPU 或

Apple Silicon M1 或更高版本。

- 操作系统：macOS v10.15 (Catalina) 或更高版本。
- 内存：16GB RAM，用于HD媒体、32GB，用于4K媒体或更高分辨率。
- GPU：4 GB GPU 内存，适用于 HD 和某些 4K 媒体，6 GB 或以上，适用于 4K 和更高分辨率。
- 硬盘空间：用于应用程序安装和缓存的快速内部SSD，用于媒体的额外高速驱动器。
- 显示器分辨率：1920*1080或更大，DisplayHDR 400，适用于 HDR 工作流程。
- 网络存储连接：10GB以太网，用于4K共享网络工作流程。

1.3.3　Premiere Pro 2022工作区

Premiere Pro 2022工作区根据不同的工作模式进行划分，在不同的工作模式下，工作区的界面布局也大不相同，用户可以根据平时的操作习惯在菜单栏中设置不同模式的工作界面。在菜单栏中执行"窗口"|"工作区"命令，即可选择不同模式的工作界面，如图1-8所示。

图　1-8

1. "编辑"工作区

在菜单栏中执行"窗口"|"工作区"|"编辑"命令，即可切换至"编辑"工作区。在"编辑"工作区中，"监视器"和"时间轴"为主要工作区域，用于日常视频的剪辑和处理，如图1-9所示。

2. "所有面板"工作区

在菜单栏中执行"窗口"|"工作区"|"所有

面板"命令,即可切换至"所有面板"工作区。"所有面板"工作区中的展示窗口非常多,各项功能及相关操作非常便捷,如图1-10所示。

图 1-9   图 1-10

3. "元数据记录"工作区

在菜单栏中执行"窗口"|"工作区"|"元数据记录"命令,即可切换至"元数据记录"工作区,在此工作区中可以查看素材的属性和数据记录信息,如图1-11所示。

4. "学习"工作区

在菜单栏中执行"窗口"|"工作区"|"学习"命令,即可切换至"学习"工作区,此工作区和"编辑"工作区的区域界面相似,甚至比"编辑"工作区的操作更简单,如图1-12所示。

图 1-11   图 1-12

5. "效果"工作区

在菜单栏中执行"窗口"|"工作区"|"效果"命令,即可切换至"效果"工作区,在此工作区内,"效果控件""节目监视器"和"时间轴"为主要工作区域,如图1-13所示。

6. "字幕和图形"工作区

在菜单栏中执行"窗口"|"工作区"|"字幕和图形"命令,即可切换至"字幕和图形"工作区,在此工作区中可以很方便地添加各种图形,如图1-14所示。

图　1-13

图　1-14

7. "库" 工作区

在菜单栏中执行 "窗口" | "工作区" | "库" 命令，即可切换至 "库" 工作区，如图1-15所示。

8. "组件" 工作区

在菜单栏中执行 "窗口" | "工作区" | "组件" 命令，即可切换至 "组件" 工作区，如图1-16所示。

图　1-15

图　1-16

9. "音频" 工作区

在菜单栏中执行 "窗口" | "工作区" | "音频" 命令，即可切换至 "音频" 工作区，在此工作区中可以很方便地调整音频的属性，并为音频添加效果，如图1-17所示。

10. "颜色" 工作区

在菜单栏中执行 "窗口" | "工作区" | "颜色" 命令，即可切换至 "颜色" 工作区，在此工作区中可以很方便地调整Lumetri颜色，为视频添加色彩效果，如图1-18所示。

图　1-17

图　1-18

1.3.4　Premiere Pro 2022面板

打开Adobe Premiere Pro 2022软件，用户看到的界面是Premiere Pro 2022默认工作界面。其中的"项目"面板、"源监视器"面板、"节目监视器"面板及"序列"面板等，都是在视频编辑中经常需要用到的基本工作面板。下面介绍Premiere Pro 2022的部分主要工作面板。

1. "源监视器"面板

"源监视器"面板用于显示原素材画面，在该面板中可对原素材进行编辑，如设置入点和出点，并指定剪辑的源轨道（音频或视频），也可插入剪辑标记，或将剪辑添加至"时间轴"面板的序列中，如图1-19所示。

图　1-19

2. "节目监视器"面板

在"节目监视器"面板中，可以对视频进行预览和剪辑，预览的序列就是"时间轴"面板中的活动序列。用户可以设置序列标记并指定序列的入点和出点，序列入点和出点用于定义序列中添加或移除帧的位置，如图1-20所示。

图　1-20

3. "项目"面板

"项目"面板主要用于存放素材和序列，在此面板中可以对素材进行复制、删除、重命名、替换等操作，还可以预览素材、查看素材详细属性等，如图1-21所示。

图　1-21

4. "时间轴"面板

"时间轴"面板可用于组合"项目"面板中的各种素材片段，是制作影视节目、按时间排列的编辑面板。面板左边是轨道状态区，显示了轨道名称和轨道控制符号等，右边是轨道编辑区，可以排列和放置剪辑素材，如图1-22所示。

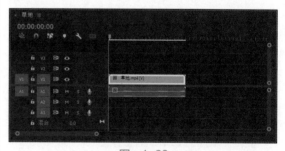

图　1-22

5. "效果控件"面板

"效果控件"面板中显示了视频、音频的一些固定效果，包括运动、不透明度、音量等，用户也可以新建效果文件夹，添加自己常用的效果，如图1-23所示。

图 1-23

6. "媒体浏览器"面板

通过"媒体浏览器"面板，可以直接浏览计算机中的其他素材，并将素材导入"项目"面板，或在监视器中浏览视频等，如图1-24所示。

图 1-24

7. "效果"面板

"效果"面板中展示了软件所能提供的所有效果，包括预设、Lumetri预设、音频效果、音频过渡、视频效果和视频过渡，在编辑项目时，只需将需要的效果拖到需要编辑的视频上即可，如图1-25所示。

图 1-25

8. "音频剪辑混合器"面板

在"音频剪辑混合器"面板中有3个仪表盘，这样更方便在预览素材时调整设置，如图1-26所示。

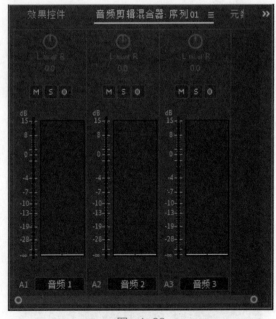

图 1-26

9. "历史记录"面板

"历史记录"面板主要用于记录用户的操作步骤，在此面板中可选择删除或还原历史记录，如图1-27所示。

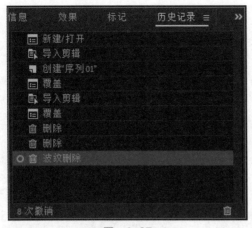

图 1-27

> **提示**　在编辑过程中，按快捷键Ctrl+Z可以撤销当前动作，按快捷键Ctrl+Shift+Z可以恢复为"历史记录"面板中当前动作的下一步。

10. "元数据"面板

"元数据"面板显示了选定资源的剪辑实例元数据和XMP文件元数据，在该面板中可以看到素材的整体数据，如图1-28所示。

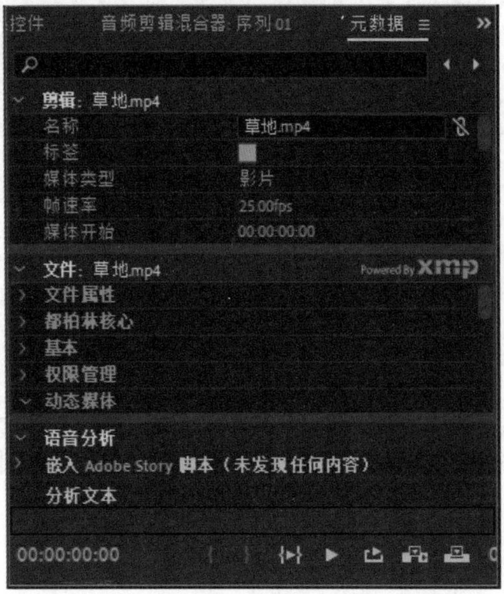

![图1-28 元数据面板]

图 1-28

11. "信息"面板

"信息"面板用于查看所选素材及序列的详细属性，如图1-29所示。

12. "工具"面板

"工具"面板中包含了一些常用工具的快捷方式，主要有选择工具▶、剃刀工具◆、钢笔工具✐、文字工具Ｔ等，如图 1-30所示。

图 1-29　　　　图 1-30

1.3.5　Premiere Pro 2022菜单栏

在Premiere Pro 2022菜单栏中一共有"文件""编辑""剪辑""序列""标记""图形和标题""视图""窗口"和"帮助"9个菜单，如图1-31所示，下面介绍各菜单的具体功能。

1. "文件"菜单

"文件"菜单主要用于对项目文件进行管理，包括常见的新建、打开、保存、导入、导出等命令，下面详细介绍各个命令。

- "新建":用于创建一个新的项目、序列、字幕、调整图层等。
- "打开项目":用于打开已经存在的项目,快捷键为 Ctrl+O。
- "打开团队项目":用于打开团队合作的已经存在的项目。

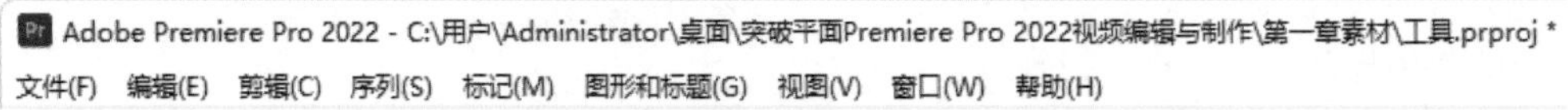

Ｐｒ Adobe Premiere Pro 2022 - C:\用户\Administrator\桌面\突破平面Premiere Pro 2022视频编辑与制作\第一章素材\工具.prproj *

文件(F)　编辑(E)　剪辑(C)　序列(S)　标记(M)　图形和标题(G)　视图(V)　窗口(W)　帮助(H)

图　1-31

- "打开最近使用的内容":用于打开最近编辑过的项目。
- "关闭":关闭当前所选择的窗口,快捷键为Ctrl+W。
- "关闭项目":关闭当前打开的项目,但不退出软件,快捷键为 Ctrl+Shift+W。
- "关闭所有项目":关闭软件打开的所有项目,但不退出软件。
- "刷新所有项目":对打开的所有项目进行刷新。
- "保存":用于存储当前项目,快捷键为 Ctrl+S。
- "另存为":用于将当前文件重新存储命名为另一个文件,同时也将进入一个新文件的编辑环境,快捷键为 Ctrl+Shift+S。
- "保存副本":为当前项目保存一个副本,但不会进入新的文件编辑环境,快捷键为 Ctrl+Alt+S。
- "全部保存":将所有打开的项目全部保存。
- "还原":用于将最近依次编辑的文件或者项目还原,即返回到上次保存过的项目状态。
- "同步设置":用于让用户将常规首选项、快捷键、预设和库同步到 Creative Cloud。
- "捕捉":可通过外部捕捉设备获取视频、音频等素材。
- "批量捕捉":用于通过外部捕捉设备批量获取视频、音频等素材。
- "链接媒体":用于查看链接丢失的文件,并快速查找和链接文件。
- "设为脱机":将 Premiere Pro 中导入的素材在原文件中进行移出、重命名或删除,这时该素材在 Premiere Pro 中就成为了脱机文件。
- "Adobe Dynamic Link":新建一个链接到 Premiere Pro 项目的 Encore 合成中,或是链接到 After Effects 文件中。
- "从媒体浏览器导入":从"媒体浏览器"面板中选择文件并输入到"项目"面板。
- "导入":用于将硬盘上的素材导入"项目"面板。
- "导入最近使用的文件":用于将最近编辑过的素材输入"项目"面板,不弹出"导入"对话框,方便用户更快、更准确地输入素材。

- "导出":用于将当前工作区域内的内容输出成视频。
- "获取属性":用于获取文件的属性或者选择内容的属性,包括文件和选择两个选项。
- "项目设置":包括常规和暂存盘,用于设置视频影片、时间基准和时间显示,显示视频和音频设置,提供了用于采集音频和视频的设置及路径。
- "项目管理":打开"项目管理器",可以创建项目的修整版本。
- "退出":退出 Premiere Pro,关闭程序。

2. "编辑"菜单

- "撤销":撤销上一步的操作,快捷键为 Ctrl+Z。
- "重做":与撤销命令相对,撤销命令之后该命令才能被激活,可以取消撤销操作,快捷键为 Ctrl+Shift+Z。
- "剪切":用于将选中的内容剪切到剪切板,快捷键为 Ctrl+X。
- "复制":用于将选中的内容复制一份。
- "粘贴":用于将剪切或是复制的内容粘贴到指定的位置。
- "粘贴插入":用于将复制或剪切的内容以插入的方式粘贴到指定位置。
- "粘贴属性":用于将其他素材上的一些属性粘贴到选中的素材片段上,例如一些过渡特效、运动效果等。
- "删除属性":删除选中素材所添加的属性,包括运动效果、视频效果等。
- "清除":用于将选中的内容删除。
- "波纹删除":用于删除选中的素材且不在轨道中留下空白间隙。
- "重复":用于复制"项目"面板中的素材,只有选中"项目"面板中的素材时,该命令才可用。
- "全选":用于选择当前面板中的全部内容。
- "选择所有匹配项":用于选择"时间轴"面板中的多个源自同一个素材的素材片段。
- "取消全选":用于取消所有选中的状态。
- "查找":用于查找"项目"面板中的定位素材。
- "查找下一个":自动查找下一个"项目"文件夹中的定位素材。
- "拼写":检查剪辑中的拼写。

- "标签"：用于改变"时间轴"面板中素材片段的颜色。
- "移除未使用资源"：用于快速删除"项目"面板中未使用的素材。
- "合并重复项"：可以将重复的项目进行合并。
- "团队项目"：可以对团队项目进行编辑，包括获取最新更改、共享我的更改、解决冲突等。
- "编辑原始"：用于将选中的素材在外部程序软件中进行编辑，如 Photoshop 等软件。
- "在 Adobe Audition 中编辑"：将音频文件导入 Audition 中进行编辑。
- "在 Adobe Photoshop 中编辑"：将图片素材导入 Photoshop 中进行编辑。
- "快捷键"：用于指定快捷键。
- "首选项"：用于设置 Premiere Pro 中的一些基本参数，包括常规、外观、音频、音频硬件、同步设置等。

3. "剪辑"菜单

- "重命名"：对"项目"面板及"时间轴"面板中的素材片段进行重命名。
- "制作子剪辑"：根据在"源监视器"面板中编辑的素材创建附加素材。
- "编辑子剪辑"：编辑附加素材的入点和出点。
- "编辑脱机"：用于脱机编辑素材。
- "源设置"：对素材的源对象进行设置。
- "修改"：用于修改时间码或音频声道，以及查看或修改素材信息。
- "视频选项"：用于设置帧定格、帧混合、场选项及缩放为帧大小等。
- "音频选项"：用于设置音频增益、拆分为单声道、渲染和替换等。
- "速度 / 持续时间"：设置素材的播放速度及持续时间。
- "捕捉设置"：设置捕捉素材的相关参数。
- "插入"：将素材插入"时间轴"面板中的当前时间指示处。
- "覆盖"：将素材放置到当前时间指示处，覆盖已有的素材片段。
- "替换素材"：使用磁盘上的文件替换"时间轴"面板中的素材。
- "替换为剪辑"：用"源监视器"面板中编辑的素材或是素材库中的素材替换"时间轴"面板中已选中的素材。
- "渲染和替换"：可以拼合视频剪辑和 After Effects 合成，从而加快 VFX 大型序列的功能。
- "恢复未渲染的内容"：将未渲染的视频恢复为原始剪辑。
- "更新元数据"：用于更新元数据的信息。
- "生成音频波形"：可以为音频添加波形。
- "自动匹配序列"：快速组合粗剪或是将素材添加到已有的序列中。
- "启用"：对"时间轴"面板中选中的素材进行激活或是禁用，禁用的素材不能被导出，也不会在"节目监视器"面板中显示。
- "链接"：可以链接不同轨道的素材，从而更方便编辑。
- "编组"：可以将"时间轴"面板中的素材放入一个组内一起编辑。
- "取消编组"：取消素材的编组。
- "同步"：根据素材的起点、终点或是时间码在"时间轴"面板中进行排列。
- "合并剪辑"：将"时间轴"面板中的一段视频和音频合并为一个剪辑，并且不会影响原来的编辑。
- "嵌套"：能够将源序列编辑到其他序列中，并保持源剪辑和轨道布局完整。
- "创建多机位源序列"：选中"项目"面板中的三个或以上素材，执行该命令，可以创建一个多摄像机源序列。
- "多机位"：对拍摄的多机位素材进行多机位剪辑。

4. "序列"菜单

- "序列设置"：可以将"序列设置"对话框打开，并对序列参数进行设置。
- "渲染入点到出点的效果"：渲染工作区域内的效果，创建工作区预览，并将预览文件保存到磁盘上。
- "渲染入点到出点"：渲染整个工作区域，并保存到磁盘上。
- "渲染选择项"：选择"时间轴"面板中的部分素材进行渲染，并保存到磁盘上。
- "渲染音频"：只对工作区域的音频文件进行

渲染。

- "删除渲染文件":删除磁盘上的渲染文件。
- "删除入点到出点的渲染文件":删除工作区域内的渲染文件。
- "匹配帧":匹配"节目监视器"和"源监视器"面板上的帧。
- "反转匹配帧":反转"节目监视器"和"源监视器"面板上的帧。
- "添加编辑":对剪辑进行分割,和剃刀工具功能一样。
- "添加编辑到所有轨道":拆分时间指示处的所有轨道上的剪辑。
- "修剪编辑":对序列的剪辑入点和出点进行调整。
- "将所选编辑点扩展到播放指示器":将最接近播放指示器的选定编辑点移动到播放指示器的位置。
- "应用视频过渡":在两段素材之间添加默认视频过渡效果。
- "应用音频过渡":在两段音频之间添加默认音频过渡效果。
- "应用默认过渡到选择项":在选择的素材上添加默认的过渡效果。
- "提升":剪切在"节目监视器"面板中设置入点到出点的 V1 和 A1 轨道中的帧,并在"时间轴"面板中保留空白间隙。
- "提取":剪切在"节目监视器"面板中设置入点到出点的帧,并不在"时间轴"面板中保留空白间隙。
- "放大":将"时间轴"面板放大。
- "缩小":将"时间轴"面板缩小。
- "封闭间隙":关闭序列中某一段的间隔。
- "转到间隔":跳转到序列的某一段间隔中。
- "在时间轴中对齐":将素材的边缘对齐。
- "链接选择项":用于将音频轨道和视频轨道链接,使两个轨道同步。
- "选择跟随播放指示器":将光标移动到哪个素材就选择哪个素材。
- "显示连接的编辑点":用于显示添加的编辑点。
- "标准化主轨道":用于所选音频的设置,可以

调整音频轨道中声音音量的大小。

- "制作子序列":用于在原来的序列中新建一个序列。
- "自动重构序列":可以创建具有不同长宽比的复制序列,并对序列中的所有剪辑应用自动重构效果。
- "添加轨道":用于添加视频和音频的编辑轨道。
- "删除轨道":用于删除视频和音频的编辑轨道。

5. "标记"菜单

- "标记入点":在时间指示处添加入点标记。
- "标记出点":在时间指示处添加出点标记。
- "标记剪辑":设置与剪辑匹配的序列入点和出点。
- "标记选择项":设置与序列匹配的选择项的入点和出点。
- "标记拆分":在时间指示处添加拆分标记。
- "转到入点":跳转到入点标记。
- "转到出点":跳转到出点标记。
- "转到拆分":跳转到拆分标记。
- "清除入点":清除素材的入点。
- "清除出点":清除素材的出点。
- "清除入点和出点":清除素材的入点和出点。
- "添加标记":在子菜单的指定处设置一个标记。
- "转到下一标记":跳转到素材的下一个标记。
- "转到上一标记":跳转到素材的上一个标记。
- "清除所选标记":清除素材上的指定标记。
- "清除所有标记":清除素材上的所有标记。
- "编辑标记":编辑当前标记的时间及类型等。
- "添加章节标记":为素材添加章节标记。
- "添加 Flash 提示标记":为素材添加 Flash 提示标记。
- "波纹序列标记":打开或关闭波纹序列标记。
- "复制粘贴包括序列标记":打开或关闭复制粘贴,包括序列标记。

6. "图形和标题"菜单

- "安装动态图形模板":可以从磁盘中安装动态图形模板。
- "新建图层":可以新建文本、直排文本、矩形

框、椭圆框等。

- "对齐":用于设置字幕的对齐方式,包括垂直居中、水平居中、左对齐、右对齐等。
- "排列":当创建的字体互相重叠时,可以通过该命令对字体进行排列。
- "选择":当创建的物体重叠时,可以通过该命令对物体进行选择。
- "升级为源图":将图形升级为一个独立的图形。
- "导出为动态图形模板":将编辑好的图形导出为动态图形模板。
- "替换项目中的字体":可对选择的字体进行替换。

7. "视图"菜单

- "回放分辨率":可设置预览视频时的分辨率,包括完整、1/2、1/4、1/8、1/16五个选项。
- "暂停分辨率":可设置暂停预览视频时的分辨率,包括完整、1/2、1/4、1/8、1/16五个选项。
- "高品质回放":在回放预览时播放高品质画质。
- "显示模式":可以设置预览时的显示模式,包括合成视频、多机位、音频波形等。
- "放大率":可以设置预览尺寸,可以放大或缩小。
- "显示标尺":用于在"节目监视器"面板中显示标尺。
- "显示参考线":用于在"节目监视器"面板中显示参考线。
- "锁定参考线":将参考线调整到合适位置进行锁定,之后不能进行移动。
- "添加参考线":添加参考线,可以设置其位置、颜色、单位及方向。
- "清除参考线":将所有参考线删除。
- "在节目监视器中对齐":可以在"节目监视器"面板中对齐。
- "参考线模板":可以使用参考线模板,或是将自定义的参考线作为模板。

8. "窗口"菜单

- "工作区":可以选择需要的工作区布局进行切换或重置管理。
- "查找有关 Exchange 的扩展功能":可以打开

或关闭查找 Exchange 的扩展功能。

- "扩展":在子菜单中,可以选择打开 Premiere Pro 的扩展程序,列入默认的 Adobe Exchange 在线资源下载与信息查询辅助程序。
- "最大化框架":切换到当前面板的最大化显示状态。
- "音频剪辑效果编辑器":可以打开或关闭音频剪辑效果编辑器窗口。
- "音频轨道效果编辑器":可以打开或关闭音频轨道效果编辑器窗口。
- "标记":用于打开或关闭标记窗口,可以在搜索框中快速查找带有不同颜色标记的素材文件。
- "(无字幕)":用于打开或关闭字幕窗口,主要用于调整和添加字幕。
- "编辑到磁带":用于打开或关闭编辑到磁带窗口,主要用于磁带上的编辑。
- "元数据":用于打开或关闭元数据窗口,可以用于显示选定资源的剪辑实例元数据和 XMP 文件元数据。
- "效果":用于打开或关闭效果窗口,可为视频、音频添加特效。
- "效果控件":用于打开或关闭效果控件窗口,可在该面板中设置视频的效果参数及默认的运动属性、不透明度属性等。
- "Lumetri 范围":用于打开或关闭 Lumetri 范围窗口,可以显示素材文件的颜色数据。
- "Lumetri 颜色":用于打开或关闭 Lumetri 颜色窗口,可以对所选素材文件的颜色进行校正调整。
- "捕捉":用于打开或关闭捕捉窗口,可以捕捉音频和视频。
- "字幕":用于打开或关闭字幕窗口,可以添加字幕并调整其位置、颜色等属性。
- "项目":用于打开或关闭项目窗口,可以存放素材和序列。
- "了解":用于打开或关闭了解窗口,可以了解 Premiere Pro 软件的一些信息。
- "事件":用于打开或关闭事件窗口,查看或管理序列中设置的事件动作。
- "信息":用于打开或关闭信息窗口,查看当前所选素材的剪辑属性。

- "历史记录":用于打开或关闭历史记录窗口,可查看完成的操作记录,或返回之前某一步骤的编辑状态。
- "参考监视器":用于打开或关闭参考监视器窗口,可以选择显示素材当前位置的色彩通道变化。
- "基本图形":用于打开或关闭基本图形窗口,可用于浏览和编辑图形素材。
- "基本声音":用于打开或关闭基本声音窗口,可对音频文件进行对话、音乐、XFX 及环境编辑。
- "媒体浏览器":用于打开或关闭媒体浏览器窗口,可用于查找或浏览用户计算机中各磁盘的文件信息。
- "工作区":用于打开或关闭工作区窗口,主要用于显示当前工作区域。
- "工具":用于打开或关闭工具窗口,可以使用一些常用工具,如剃刀工具、钢笔工具等。
- "库":用于打开或关闭库窗口,可以连接Creative Cloud Libraries。
- "时间码":用于打开或关闭时间码窗口,可以查看视频的持续时间等。
- "时间轴":用于打开或关闭时间轴窗口,可用于组合项目窗口中的各种片段。
- "源监视器":用于打开或关闭源监视器窗口,可以对素材进行预览和剪辑素材文件等。
- "节目监视器":用于打开或关闭节目监视器窗口,可以对视频进行预览和剪辑。
- "进度":用于打开或关闭进度窗口,可以用来观看导入文件的状态。
- "音轨混合器":用于打开或关闭音轨混合器窗口,可以用来调整选择序列的主声道。
- "音频剪辑混合器":用于打开或关闭音频剪辑混合器窗口,能对音频素材的左右声道进行处理。
- "音频仪表":用于打开或关闭音频仪表窗口,能显示混合声道输出音量大小的面板。

9. "帮助"菜单

- "Premiere Pro 帮助":可以查看帮助信息。
- "Premiere Pro 应用内教程":可进入学习工作区。

- "Premiere Pro 在线教程":获取在线视频教程。
- "提供反馈":给软件提供反馈意见。
- "系统兼容性报告":查看与系统是否冲突。
- "键盘":查看快捷键等。
- "管理我的账户":管理 Premiere Pro 账户。
- "登录":登录 Premiere Pro 账号。
- "更新":更新 Premiere Pro 软件。
- "关于 Premiere Pro":查看软件的一些参数。

1.4 项目与素材的基本操作

在进行视频制作之前,首先需要掌握项目与素材的基本操作方法,包括新建项目、新建序列、导入素材和打开项目文件等。

1.4.1 新建项目

想要进入Premiere Pro的工作界面,首先需要新建一个项目,下面介绍新建项目的具体操作方法。

▶01 双击桌面上的Adobe Premiere Pro 2022图标,如图 1-32所示。进入Premiere Pro 2022开始界面,在面板中单击"新建项目"按钮,创建一个项目文件,如图 1-33所示。

图 1-32

图 1-33

▶02 在弹出的"新建项目"面板中,设置项目名称并更改项目存储位置,如图 1-34所示。单击"位置"选项右侧的"浏览"按钮,可以在打开的对话框中选择路径文件夹，完成后单击"选择文件夹"按钮，如图1-35所示。最后在"新建项目"面板中单击"确定"按钮。

图 1-34

图 1-35

▶**03** 操作完成后，即可进入Premiere Pro 2022的工作界面，如图 1-36所示。

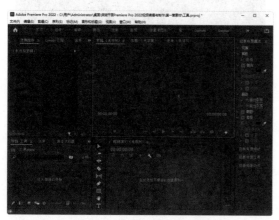

图 1-36

1.4.2 新建序列

新建序列是在新建项目后需要完成的一个步骤，可根据素材的大小选择合适的序列类型。下面介绍几种常用的新建序列的方法。

1. 通过"文件"菜单新建序列

新建项目完成后，执行菜单栏中的"文件"|"新建"|"序列"命令，或者使用快捷键Ctrl+N，在弹出的"新建序列"对话框中，选择默认格式DV-PAL文件夹下的"标准48kHz"选项，并设置序列名称，然后单击"确定"按钮，如图1-37所示。这样就新建了一个项目序列，如图1-38所示。

图 1-37

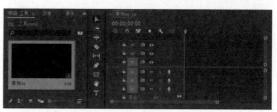

图 1-38

"序列"面板也就是"时间轴"面板。当项目中没有序列时，窗口左上角的文字显示为"时间轴"；当项目中创建了序列之后，窗口左上角的文字就显示为"序列01""序列02"等。

2. 通过右击新建序列

在"项目"面板的空白处右击，在弹出的快捷菜单中执行"新建项目"|"序列"命令，在弹出的"新建序列"对话框中，可以选择默认的序列格式，也可以进行自定义序列设置。在"新建序列"面板中单击"设置"按钮，更改"编辑模式"为"自定义"，接着设置视频所要更改的参数及"序列名称"，设置完成后单击"确定"按钮，即可完成自定义序列，如图1-39所示。此时在"节目监视器"面板中也会出现新建序列的尺寸，如图1-40所示。

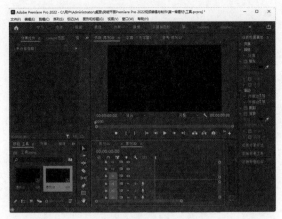

图 1-40

在没有新建序列的情况下，将素材文件拖曳至"时间轴"面板，此时"项目"面板中将自动生成与素材文件等大的序列。

1.4.3 导入不同类别的素材

在Premiere Pro 2022中有多种导入素材的方式，但不管采用任何一种方式都能导入不同类别的素材。下面介绍使用不同方式导入不同类别素材的具体操作方法。

1. 导入视频素材

在界面中新建序列后，执行"文件"|"导入"命令（快捷键为Ctrl+I），或在"项目"面板的空白处右击，在弹出的快捷菜单中执行"导入"命令，在弹出的"导入"窗口中选择需要的素材，单击"打开"按钮，如图1-41所示，即可将选中的素材导入"项目"面板，如图1-42所示。

图 1-39

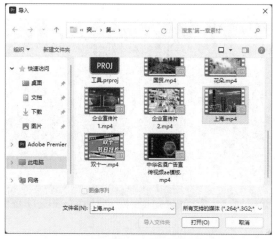

图 1-41

图 1-44

> **提示** 通过以上三种方式中的任意一种，都可实现素材的导入。

1.4.4 打开项目文件

打开项目文件就是将已经存在的工程文件在Premiere Pro 2022中打开，下面介绍几种常见的打开方式。

1. 在主页中打开项目

启动Premiere Pro 2022软件时，在主页中单击"打开项目"按钮，如图1-45所示。在弹出的"打开项目"窗口中选择文件所在的路径，选择已经制作完成或未完成的Premiere Pro项目文件，单击"打开"按钮，如图1-46所示，即可将选中的项目文件在Premiere Pro 2022中打开，如图1-47所示。

图 1-42

2. 导入PSD文件

打开素材所在的文件夹，选中一个或多个文件并拖曳至"项目"面板，释放鼠标左键即可将需要的素材导入"项目"面板，如图1-43所示。

图 1-45

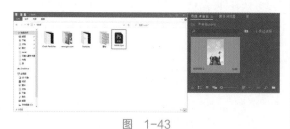

图 1-43

3. 导入项目文件

打开"媒体浏览器"面板，接着打开素材所在的文件夹，选择一个或多个素材，右击，在弹出的快捷菜单中执行"导入"命令，即可将需要的素材导入"项目"面板，如图1-44所示。

图 1-46

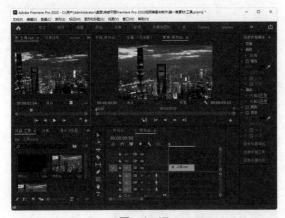

图 1-47

2. 用"文件"菜单打开项目

进入Premiere Pro 2022的工作界面,执行"文件"|"打开项目"命令,或使用快捷键Ctrl+O快速打开"打开项目"窗口,在"打开项目"窗口中选择项目的文件路径,在文件夹中选择Premiere Pro项目文件,单击"打开"按钮,如图1-48所示,即可将选中的项目在Premiere Pro 2022中打开,如图1-49所示。

图 1-48

图 1-49

3. 在文件路径中打开项目

打开项目文件所在的路径文件夹,双击需要打开的项目文件,如图1-50所示,单击"打开"按钮,即可在Premiere Pro 2022中打开此项目文件,如图1-51所示。

图 1-50

图 1-51

1.4.5 重命名素材

剪辑视频时,为了让剪辑更方便,可以对素材进行编序,或对素材进行重命名,这样在寻找素材时就可以做到一目了然,下面介绍两种重命名素材的方式。

方法一:将素材导入"项目"面板,将光标放在素材上方,右击素材并在弹出的快捷菜单中执行"重命名"命令,即可在素材上方重新编辑素材名称,如图1-52所示。

图 1-52

方法二：在"项目"面板中选择素材文件，单击即可为素材重新命名，如图1-53所示。

图 1-53

1.4.6 替换素材

打开Premiere Pro 2022的工作界面，将素材导入"项目"面板，右击需要替换的素材，在弹出的快捷菜单中执行"替换素材"命令，如图1-54所示。此时将弹出一个"替换素材"对话框，在对话框中选择需要替换的素材，然后单击"选择"按钮，如图1-55所示，此时选中的素材将被替换。

图 1-54

图 1-55

第2章 感受影视创作的魅力——视频编辑与剪辑技巧

视频编辑是对视频进行线性编辑和非线性编辑的一种方式，在此过程中，可以通过使用一些剪辑技巧对加入的视频、图片、特效等素材进行重新组合，从而生成更加精彩的视频效果。本章介绍剪辑的基本理论知识，以及视频编辑与剪辑的技巧。

2.1 什么是剪辑

剪辑是通过选择、分解、取舍与组接等方式，用大量素材创作出连贯流畅、含义明确、主题鲜明并具有艺术感染力的作品。

2.1.1 剪辑的基本概念

"剪辑"可以理解为裁剪、编辑，是视频制作过程中非常重要的一个环节，能影响作品的叙事、情感、节奏，在一定程度上决定了作品的质量好坏。把拍摄的镜头、段落加以剪裁，并按照一定的结构将其组接起来，这就是剪辑工作的基本流程。剪辑的本质是通过主体动作的分解组合来完成蒙太奇形象的塑造，从而完善故事情节，传达故事内容，让观众了解故事梗概。

2.1.2 认识蒙太奇

蒙太奇一词最初来源于法文，有安装、装配、构成的意思，被电影借来表现镜头组接之意，并逐渐成为影视制作中的专用术语。简单来说，蒙太奇是指将影片画面或声音进行组接，从而用于叙事、创造节奏、营造氛围、刻画情绪等。蒙太奇一般包括画面剪辑和画面合成两个方面：画面剪辑是指通过画面或图样并列或叠化形成统一的图画作品；画面合成是将电影在不同地点、不同距离和角度，以不同方式拍摄出来的镜头组合起来，同时叙述情节、刻画人物，从而达到高度的概括和集中，激发观众的联想并创造出独特的影视时间和空间。

蒙太奇可以划分为三种类型：叙事蒙太奇、表现蒙太奇、理性蒙太奇。第一种为叙事手段，后面两种主要用于表意。在此三种类型的基础上细分为平行蒙太奇、交叉蒙太奇、颠倒蒙太奇、心理蒙太奇、抒情蒙太奇等类型。

2.1.3 剪辑的节奏

视频作品的节奏主要是指主体运动、镜头长短和组接所形成的视频的长短、起伏、轻重、缓急等心理感觉，其可以影响作品的叙事方式和视觉感受，能推动画面的情节发展。常见的剪辑节奏可分为内部节奏和外部节奏两种。

1. 内部节奏

内部节奏，也叫心理节奏。剪辑时，影片的节奏与创作人员的心理息息相关。例如，知觉的感受、记忆的再现、丰富的联想、逻辑的思维，都会影响剪辑的节奏，传统电影画面剪辑是通过手摇四连套片机摇出来的，完全依靠心理节奏感觉。音画合成之后节奏点要能够吻合，这便是心理活动所产生的节奏共性。

2. 外部节奏

外部节奏是指镜头组接的节奏，受制于影片的内容和结构。内容和结构是影片的整体节奏，而镜头组接只是局部节奏。在依据整个影片内容和结构处理节奏的前提下，还要结合具体内容考虑外部节奏。下面介绍几种常见的外部节奏。

- "静接静"："静接静"是指在一个动作结束时，另一个动作以静的形式切入，也就是上一帧结束在静止的画面上，下一帧以静止的画面开始，这样的方式不用强调视频运动的连续性，更多的是强调镜头的连贯性。
- "动接动"："动接动"是指镜头在运动过程中，通过推、拉、摇、移等动作进行主体物的切换，以接近的方向或速度进行镜头组接，从而产生动感效果。
- "静接动"："静接动"是指一个运动不明显的镜头与一个动感的镜头进行组接，在节奏上和视觉上都有很强的推动力。
- "动接静"："动接静"是指在一个动感较强的镜头后面接了一个动感微弱的镜头，和"静接动"正好相反，但效果类似，同样会产生很强的对比，增强推动力。
- "拼剪"：拼剪就是将一个镜头重复拼接，一般是在镜头不够长或者又不可能补拍的情况下运用的一种剪辑技巧。该方法能起到延长镜头时间、酝酿情绪的作用。

2.1.4 剪辑技巧

剪辑技巧需要根据具体内容进行选择。例如，影视剧的节奏会慢一些，短视频的切点会碎一些。但是也有一些通用的技巧，下面介绍几种常用的剪辑技巧。

1. 流畅剪辑

流畅剪辑是一种创造时间空间连续性幻觉的手法，多用于故事片剪辑，也被称为好莱坞经典剪辑。

2. 错位剪辑

传统的剪辑技法是在镜头切换的同时声音也戛然而止，而错位剪辑是把声音也延续到第二个镜头中，这不仅能巧妙地糅合由镜头切换而产生的断裂感，还能更加有序地连贯电影的节奏。

3. 零度剪辑

零度剪辑是在镜头与镜头之间采用连续对切的组接方式，影片从始至终没有任何特技，没有

任何变化，也没有任何风格。有助于消除观众在电影观赏过程中对影像表现形式的注意。

4. 暴雨剪辑

暴雨剪辑会造成一种"暴雨"式的心理效果，以快速、密集的剪辑手法形成一种连续不断的视觉影像激流，给观众的心理造成强烈冲击。通过尽量缩小镜头与镜头之间的时间距离和空间距离，使本来单个的、间断的电影镜头形成一条快速的、完整的、连续的影像叙事链。

5. 转场

转场是一种常用的剪辑技巧，分为无技巧转场和技巧转场。无技巧转场是用镜头的自然过渡来连接，主要适用于蒙太奇镜头段落之间的转换和镜头之间的转换。技巧转场是将预设好的转场方式添加到两个镜头之间，常见的技巧转场方式有淡入淡出、闪黑、闪白等。

2.2 剪辑工具

在Premiere Pro 2022中，剪辑视频需要用到不同的剪辑工具。本节主要介绍Premiere Pro 2022中常用的几种剪辑工具，利用这些工具可以让剪辑工作变得更方便、快捷。

2.2.1 工具面板

"工具面板"中包括"选择工具""剃刀工具""文字工具"等十八种工具，如图2-1所示。下面介绍部分工具的作用。

图 2-1

1. 选择工具

选择工具▶，快捷键为V。用于选择素材、图形、文字等对象，选择对象时按住鼠标左键不放，可以将"项目"面板中的素材拖曳到"时间轴"面板，如图2-2所示。

图 2-2

2. 向前/向后选择轨道工具

向前选择轨道工具▦/向后选择轨道工具▦，快捷键为A，用于选择目标文件左侧或右侧同轨道上的所有素材。当"时间轴"面板中素材过多时，使用该工具会更方便。

在"工具"面板中选择向前选择轨道工具▦，将光标放在第二段素材上方，如图2-3所示。单击此素材，即可将其后方的所有素材选中，如图2-4所示。

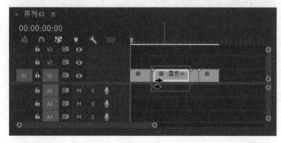

图 2-3

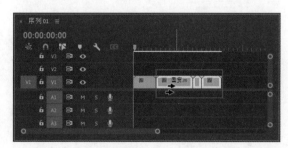

图 2-4

3. 波纹编辑工具

波纹编辑工具▦，快捷键为B。使用该工具可以调整选中素材的持续时间。在调整素材文件前

方时，如果中间有空格，相邻的素材会自动移动并填补空格。

在"工具"面板中，选择波纹编辑工具▦，将光标定位至视频后方，按住鼠标左键并向右移动光标，如图2-5所示。此时素材文件后方的文件会自动向前跟进，如图2-6所示。

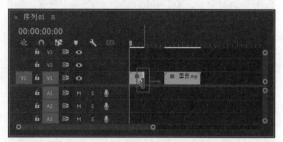

图 2-5

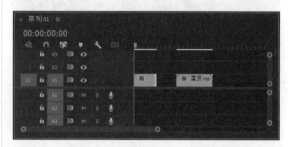

图 2-6

4. 剃刀工具

剃刀工具▦，快捷键为C。用于将一段视频裁剪为多段视频，按住Shift键可以同时剪辑多个轨道中的素材。

在"工具"面板中选择剃刀工具▦，将光标定位到"时间轴"面板中素材的上方，单击即可进行裁剪，如图2-7所示。裁剪后，该素材的每一段都可成为一个独立的素材文件，如图2-8所示。

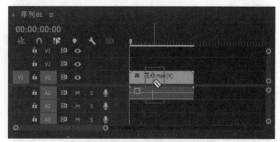

图 2-7

图 2-8

按住Shift键单击可裁剪多个轨道上的素材文件，如图2-9所示。

图 2-9

5.外滑工具

外滑工具，快捷键为Y，用于同时更改"时间轴"面板内选中剪辑的入点和出点，并保持入点和出点之间的时间间隔不变，但需要注意的是，素材必须要有足够的时间来进行移动，如图2-10所示。

图 2-10

> **提示** 在选择剪辑工具时尽量使用快捷键，这样操作起来比较方便，而且工作效率会相应地提高。

2.2.2 监视器面板介绍

在Premiere Pro 2022工作面板中有两个常用的监视器，分别是源监视器和节目监视器。"源监视器"面板和"节目监视器"面板都是用来播放和编辑素材的面板。两个面板的底部有多个按钮，单击这些按钮可以便捷地对所选素材进行操作，单击面板右下角的"按钮编辑器" 按钮，可以自定义各个按钮的布局。图2-11所示为默认状态下的"源监视器"面板，下面具体介绍该面板的按钮。

图 2-11

- "添加标记"：用于标注素材文件需要编辑的位置，快捷键为 M。
- "标记入点"：用于定义操作区域的开始位置，快捷键为 I。
- "标记出点"：用于定义操作区域的结束位置，快捷键为 O。
- "转到入点"：用于快速跳转到入点位置，快捷键为 Shift+I。
- "后退一帧"：能够使时间线向前（左侧）移动一帧。
- "播放/停止切换"：用于对素材文件进行播放或停止播放操作，快捷键为 Space（空格键）。
- "前进一帧"：能够使时间线向后（右侧）移动一帧。
- "转到出点"：可快速跳转到出点位置，快捷键为 Shift+O。

- "插入"：可将出入点之间的素材插入"时间轴"面板，时间线后方的内容将自动后移。
- "覆盖"：可将出入点之间的素材插入"时间轴"面板，并且会覆盖原来的内容。
- "导出帧"：可将当前帧以图片的形式导出。
- "按钮编辑器"：可对监视器底部的按钮进行添加或删除等自定义操作，如图2-12所示。

图 2-12

> **提示** "源监视器"和"节目监视器"面板底部的编辑按钮大多相似，但功能并不是完全相同，用户需要根据实际情况进行操作。

2.3 基本剪辑操作

在Premiere Pro 2022中，对素材进行分类、标记、拆分、编组等都属于剪辑的基本操作。本节讲解素材的基本剪辑操作。

2.3.1 设置视频长宽比

在Premiere Pro 2022中，视频的长宽比可分为两种，一种是指视频在Premiere Pro 2022中新建序列整体的宽度和高度尺寸的比例，另一种则是指视频像素的长宽比。

1. 视频整体长宽比

在Premiere Pro 2022中新建项目，执行"文件"|"新建"|"序列"命令，弹出"新建序列"对话框，单击"设置"按钮，在"编辑模式"下拉列表中选择"自定义"选项，然后在"视频预览"选项组中设置"宽度"和"高度"，最后单

击"确定"按钮，如图2-13所示，即可完成视频整体长宽比的设置。

图 2-13

2. 像素长宽比

像素长宽比指的是放大作品到极限时所看到的每一个像素点的宽度和高度的比例。像素长宽比也是在"新建序列"对话框中进行设置，不需要进入"自定义"模式，像素的长宽比在任意编辑模式下都可以进行设置，在"新建序列"对话框中的"视频"选项组中的"像素长宽比"下拉列表中选择所需比例即可，如图2-14所示。

图 2-14

2.3.2　分类管理素材

在进行视频制作前，尽量养成良好的剪辑习惯，可以将图片、视频或音频素材导入"项目"面板进行分类管理，如图2-15所示。将文件全部导入"项目"面板后，在"项目"面板的空白处右击，在弹出的快捷菜单中执行"新建素材箱"命令，并将素材箱命名为"图片"，然后用同样的方法，依次创建"视频"和"音频"素材箱。如图2-16所示，最后将素材分类放到相应的素材箱内即可。

图　2-15

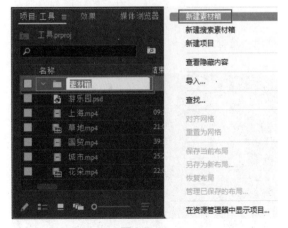

图　2-16

2.3.3　标记入出点

编辑视频时，素材开始的帧为入点，结束的帧为出点，编辑视频时在素材上添加标记，不仅便于素材位置的查找，而且方便后续的剪辑操作，下面介绍添加标记的方法。

1. 使用菜单命令标记入点和出点

选中素材，在菜单栏中执行"标记"|"标记入点"或"标记出点"命令，即可为选中的素材添加入点或出点标记，如图2-17所示。

图　2-17

2. 在"源监视器"面板中标记入点和出点

双击选中"时间轴"面板或"项目"面板中需要标记的素材文件，该文件将出现在"源监视器"面板中，在"源监视器"面板中拖动时间线滑块预览素材，并在目标区域单击"添加入点"按钮▮或"添加出点"按钮▮，即可完成出入点标记的添加，如图2-18所示。

图　2-18

在英文输入法状态下，按逗号键可以将标记的段落添加到"时间轴"面板。

3. 在"节目监视器"面板中标记入点和出点

将需要添加标记的素材拖曳至"时间轴"面板，在"节目监视器"面板中滑动时间线到需要添加标记入点和出点的位置，然后单击底部的"添加入点"按钮 ◀ 或"添加出点"按钮 ▶，即可为素材添加出入点标记，如图2-19所示。

图　2-19

完成上述操作后，"时间轴"面板中的素材上方的相同位置也将出现标记，如图2-20所示。

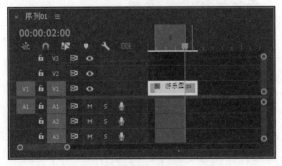

图　2-20

标记入点的快捷键为I键；标记出点的快捷键为O键。

2.3.4　素材的拆分与重组

编辑一段视频时，如果想对其中的部分片段进行编辑，可以将该片段拆分成若干独立片段，再进行相关操作，并在操作完成后进行重组。

1. 拆分

选择"时间轴"面板中需要进行拆分的素材，在"工具"面板中选择剃刀工具 ◈，滑动时间线进行预览，在需要拆分的位置暂停并单击，即可将这段视频沿时间线所在位置分割为两个部分，如图2-21所示。拆分完成后，之前的一个片段就变为了两个独立片段。

图　2-21

2. 重组

"重组"指的是将两个独立的片段重新组合在一起，成为一段完整协调且连贯的画面。在"项目"面板中，将一段素材拖曳至"时间轴"面板中第一段素材后面，即可完成素材的重组。为了使两个素材的重组更连贯，可以为素材添加合适的转场效果，如图2-22所示。

图　2-22

2.3.5　提升和提取

"提升"和"提取"是在"节目监视器"面板中设置了入点和出点后才能激活的命令，在入点和出点设置完成后，入点和出点之间的区域可通过执行"提升"或"提取"命令来进行剪辑操作。

1. 提升

单击"节目监视器"面板底部的"提升"按钮，或执行菜单栏中的"序列"|"提升"命令，此时入点和出点之间的片段将自动删除，"时间轴"面板上方将出现一片空白区域，如图2-23所示。

图 2-23

2. 提取

单击"节目监视器"面板底部的"提取"按钮，或执行菜单栏中的"序列"|"提取"命令，此时入点和出点之间的片段将自动删除，该删除片段后方的素材会自动填充上去，如图2-24所示。

图 2-24

2.3.6 视音频的链接与拆分

通常视频与音频是一起录制的，在编辑视频时，将视频素材放到"时间轴"面板中，音频会以链接的形式出现，这时可以对视音频链接进行拆分，只留下视频素材。如果导入没有声音的视频，则需要为其添加背景音乐，也可将导入的音频重新与视频链接。

1. 链接

将一段独立的没有声音的视频素材，以及需要添加的音频素材拖入"时间轴"面板，同时选中两段素材，在"时间轴"面板的空白处右击，在弹出的快捷菜单中执行"链接"命令，即可将视频和音频素材链接到一起，如图2-25所示。

图 2-25

2. 拆分

将一段有声音的视频素材拖曳至"时间轴"面板，选择该素材，在"时间轴"面板的空白处右击，在弹出的快捷菜单中执行"取消链接"命令，此时链接的素材文件将被分离，如图2-26所示。

图 2-26

2.3.7 修改速度与时间

在编辑视频时，如果修改了一段素材的速度，那么这段素材的时间也会发生变化。若速度变快，则素材的持续时间变短；若速度变慢，则素材的持续时间变长。同理，如果修改了一段素材的时间，其速度也会发生变化，因此速度与时间的修改可同时进行。下面介绍两种修改速度与时间的方法。

方法一：在"时间轴"面板中选择需要修改的素材，右击"时间轴"面板的空白处，在弹出的快捷菜单中执行"速度/持续时间"命令，如图2-27所示。

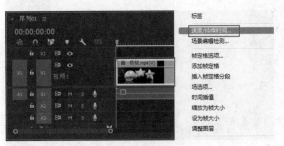

图　2-27

在弹出的"剪辑速度/持续时间"对话框中，将"速度"调整为200%，可以看到"速度"下方的"持续时间"也变短了，设置完成后，单击"确定"按钮，如图2-28所示。此时，位于"时间轴"面板中的素材文件的时长缩短了，如图2-29所示。

图　2-28

图　2-29

方法二：使用"工具"面板中的比例拉伸工具
， 将光标移动到素材的起点或终点，接着按住鼠标左键向左或向右移动光标，如图2-30所示，此时素材文件的时长将发生变化，如图2-31所示。

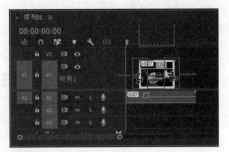

图　2-30

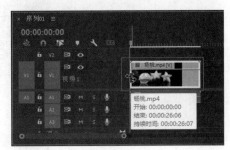

图　2-31

2.3.8　素材编组

在视频编辑过程中，可以对选中的多个素材进行编组，这样便于素材的移动、添加特效等。

在"时间轴"面板中选中需要编组的素材，然后在空白处右击，在弹出的快捷菜单中执行"编组"命令，如图2-32所示，此时编组的文件将可以同时进行选择或移动，如图2-33所示。

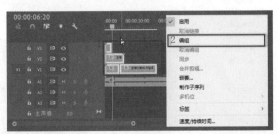

图　2-32

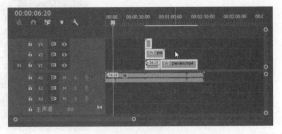

图　2-33

2.4 素材实例：素材的打包整理

在制作视频的过程中，如果文件移动到其他位置，重新打开项目文件可能会出现素材丢失的情况。为了避免这种情况，在制作阶段，可以将文件打包整理，方便文件移动位置后的操作。下面介绍素材打包整理的方法。

▶01 打开Premiere Pro 2022软件，新建项目和序列，将需要进行打包的素材文件拖曳至"时间轴"面板，如图2-34所示。

图 2-34

▶02 在菜单栏中执行"文件"｜"项目管理"命令，在弹出的"项目管理器"对话框中勾选"玫瑰花"复选框，该序列是需要应用的序列文件。

▶03 在"生成项目"选项组中选中"收集文件并复制到新位置"单选按钮，接着单击"浏览"按钮，选择文件的目标路径，最后单击"确定"按钮，如图2-35所示，即可完成素材的打包操作。

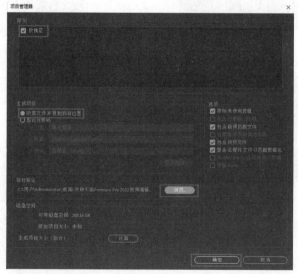

图 2-35

▶**04** 完成上述操作后，选择的路径文件夹中将显示打包完成的素材文件，如图 2-36所示。

图 2-36

2.5 应用案例：野餐视频剪辑

本节将通过野餐视频熟悉视频的编辑及剪辑技巧。在操作过程中，会将剪辑的片段放到"序列"面板进行排列和组合操作。

▶**01** 启动Premiere Pro 2022软件，在主页上单击"新建项目"按钮，弹出"新建项目"对话框，设置"名称"及"位置"，完成后单击"确定"按钮，如图 2-37所示。

图 2-37

▶**02** 执行"文件"|"新建"|"序列"命令，弹出

"新建序列"对话框，在"可用预设"选项组的DV-PAL下拉列表中选择"标准48kHz"选项，单击"确定"按钮，如图 2-38所示。

图 2-38

▶**03** 执行"文件"|"导入"命令，弹出"导入"对话框，选择需要导入的素材，单击"打开"按钮，如图 2-39所示。

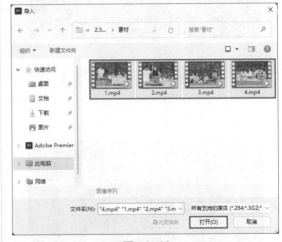

图 2-39

▶**04** 在"项目"面板中选择"1.mp4"素材文件，将其拖曳至"源监视器"面板，将时间线移动到（00:00:00:00）位置，单击"标记入点"按钮，添加入点标记，如图2-40所示。

图 2-40

▶05 移动时间线到（00:00:03:00）位置，单击"标记出点"按钮 ，添加出点标记，如图2-41所示。

图 2-41

▶06 完成标记添加后，单击"源监视器"面板下方的"插入"按钮 ，将剪辑的素材添加到视频轨道中，如图2-42所示。

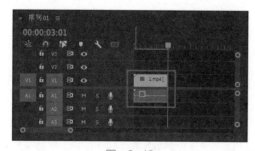

图 2-42

提示　在"时间轴"面板中，按句号键可以快速地将剪辑的素材添加到"时间轴"面板。

▶07 在"项目"面板中选择"2.mp4"素材，将其拖曳至"源监视器"面板中，将时间线移动到（00:00:04:18）位置，单击"标记入点"按钮 ，添加入点标记，如图2-43所示。

图 2-43

▶08 移动时间线到（00:00:08:00）位置，单击"标记出点"按钮 ，添加出点标记，如图2-44所示。

图 2-44

▶09 完成标记添加后，单击"源监视器"面板中的"插入"按钮 ，将剪辑的素材添加到视频轨道中，如图2-45所示。

图 2-45

▶10 在"项目"面板中选择"3.mp4"素材，将其拖曳至"源监视器"面板中，将时间线移动到（00:00:06:00）位置，单击"标记入点"按钮 ，添加入点标记，如图2-46所示。

▶11 移动时间线到（00:00:10:10）位置，单击"标记出点"按钮，添加出点标记，如图2-47所示。

▶12 完成标记添加后，单击"源监视器"面板中的"插入"按钮，将剪辑的素材添加到视频轨道中，如图2-48所示。

图　2-46　　　　　　　　　　图　2-47　　　　　　　　　　图　2-48

▶13 在"项目"面板中选择"4.mp4"素材，将其拖动到"源监视器"面板中，将时间线移动到（00:00:01:06）位置，单击"标记入点"按钮，添加入点标记，如图2-49所示。

▶14 移动时间线到（00:00:05:00）位置，单击"标记出点"按钮，添加出点标记，如图2-50所示。

▶15 完成标记添加后，单击"源监视器"面板中的"插入"按钮，将剪辑的素材添加到视频轨道中，如图2-51所示。

图　2-49　　　　　　　　　　图　2-50　　　　　　　　　　图　2-51

▶16 按Enter键渲染项目，完成后可预览视频效果，如图2-52所示。

图　2-52

特效转场——
视频特效的应用

Premiere Pro 2022中提供了大量的视频特效，可用于对视频画面的效果进行二次处理，使视频的视觉效果变得更加丰富。通过应用视频特效，可以使画面产生扭曲、模糊、变色等效果。

3.1 视频转场概述

视频转场也称为视频过渡或视频切换，主要用于两段素材之间的画面场景切换，或是段落与段落之间的切换。在影视制作过程中，可以将转场添加到两段相邻的素材之间，使画面在播放时产生平缓而又连贯的视觉效果，这样更能吸引观者的眼球，增加影片的氛围。常见的视频转场方式有交叉溶解、闪黑、闪白、百叶窗等。

3.2 视频效果的使用

在Premiere Pro 2022中，主要使用"效果"和"效果控件"这两个面板添加效果。

3.2.1 应用和控制滤镜效果

应用滤镜效果可以为画面直接添加滤镜，其中可选择的滤镜种类繁多。在"效果"面板中展开"Lumetri预设"文件夹，如图3-1所示，在展开的列表中可根据需求选择滤镜，如图3-2所示。

图 3-1

图 3-2

在"效果"面板中依次展开"Lumetri预设"|"Filmstocks"文件夹，将"Fuji F125 Kodak 2393"效果拖曳至素材上方，释放鼠标左键，即可为素材画面添加滤镜效果，如图3-3所示。

图 3-3

图3-4所示为应用"Fuji F125 Kodak 2393"效果的前后对比图。

图 3-4

应用效果后,在"效果控件"面板中可以调整滤镜效果,如图3-5所示。

图 3-5

提示 在"效果控件"面板中,单击效果属性,或单击添加特效右侧的"重置"按钮，可以将属性参数或特效参数恢复到默认状态。

3.2.2 运用关键帧控制效果

在"效果控件"面板中,可以利用关键帧来更为灵活地控制效果。首先在"时间轴"面板中为素材添加效果,然后进入"效果控件"面板,如图3-6所示。展开"创意"选项,对滤镜的强度进行控制,如图3-7所示。

图 3-6

图 3-7

通过关键帧控制滤镜效果的方法是:在视频的起始位置展开滤镜效果,添加"强度"关键帧,并将数值设置为0,如图3-8所示;接着,在视频的结尾处,将数值调整到100,添加第2个关键帧,如图3-9所示。

图 3-8

图 3-9

3.3 视频效果

Premiere Pro 2022对视频效果进行了分类，以方便管理和查找，如图3-10所示。Premiere Pro 2022的视频效果种类繁多，下面介绍常用的视频效果。

3.3.1 变换效果

变换效果组中包括垂直翻转、水平翻转、

图 3-10

羽化边缘、自动重新构图、裁剪5种效果，如图3-11所示。通过此组效果可以对视频画面进行二次构图。

图 3-11

1. 垂直翻转

在"效果"面板中依次展开"视频效果"|"变换"文件夹，将"垂直翻转"效果拖曳至素材上方，释放鼠标左键，画面将产生垂直翻转效果，图3-12所示为应用"垂直翻转"效果的前后对比图。

图 3-12

2. 水平翻转

在"效果"面板中依次展开"视频效果"|"变换"文件夹，将"水平翻转"效果拖曳至素材上方，释放鼠标左键，画面将产生水平翻转效果，图3-13所示为应用"水平翻转"效果的前后对比图。

图 3-13

3. 裁剪

"裁剪"是较为常用的视频效果，视频中一些不需要的部分，可以通过裁剪进行调整。在"效果"面板中依次展开"视频效果"|"变换"

文件夹，将"裁剪"效果拖曳至素材上方，释放鼠标左键，如图3-14所示。可在"效果控件"面板中对参数进行设置，如图3-15所示。

图 3-14　　　　　　　图 3-15

图3-16所示为应用"裁剪"效果的前后对比图。

图 3-16

3.3.2 图像控制效果

图像控制效果组包含Color Pass（颜色过滤）、Color Replace（颜色替换）、Gamma Correction（灰度系数校正）、黑白4种视频效果，如图3-17所示。通过此组效果可以对画面的颜色进行替换、过滤，或将画面处理为黑白效果。

图 3-17

3.3.3 实用程序效果

在实用程序效果中只有一个效果，即Cineon转换器。该效果用于改变画面的明度、色调、高光和灰度等。在"效果"面板中依次展开"视频效果"|"实用程序"文件夹，将"Cineon转换器"效果拖曳至素材上方，释放鼠标左键，如图3-18所示。可在"效果控件"面板中对参数进行设置，如图3-19所示。

图 3-18　　　　　　　图 3-19

3.3.4 扭曲效果

扭曲效果组包括偏移、变形稳定器、变换、放大、旋转扭曲等13种视频效果，如图3-20所示，通过此组效果可以对画面进行扭曲、变形等处理。

图 3-20

1. 偏移

"偏移"效果能使画面在水平或垂直方向上移动，在移动过程中，画面中缺失的像素会自动进行补充。在"效果"面板中依次展开"视频效果"|"扭曲"文件夹，将"偏移"效果拖曳至素材上方，释放鼠标左键，如图3-21所示，即可在"效果控件"面板中对参数进行设置，如图3-22所示。

图 3-21　　　　图 3-22

图3-23所示为应用"偏移"效果的前后对比图。

图 3-23

2. 变形稳定器

"变形稳定器"效果主要是用于消除摄像机移动而导致的画面抖动,可以将抖动效果转化为稳定的平滑拍摄效果。

3. 变换

"变换"效果可以对素材的位置、角度及不透明度进行调整。在"效果"面板中依次展开"视频效果"|"扭曲"文件夹,将"变换"效果拖曳至素材上方,释放鼠标左键,如图3-24所示,即可在"效果控件"面板中对参数进行设置,如图3-25所示。

图 3-24　　　　图 3-25

图3-26所示为应用"变换"效果的前后对比图。

图 3-26

4. 波形变形

"波形变形"效果能够使素材产生类似水波的波浪形状。在"效果"面板中依次展开"视频效果"|"扭曲"文件夹,将"波形变形"效果拖曳至素材上方,释放鼠标左键,如图3-27所示,即可在"效果控件"面板中对参数进行设置,如图3-28所示。

图 3-27　　　　图 3-28

图3-29所示为应用"波形变换"效果的前后对比图。

图 3-29

3.3.5　时间效果

时间效果组包含残影、色调分离时间两种视频效果,如图3-30所示。通过此组效果,可以对画面中不同帧像素进行混合处理,或调整画面色调

图 3-30

分离的时间。

3.3.6 杂色与颗粒效果

杂色与颗粒效果组只包含"杂色"1种视频效果，如图3-31所示。通过此组效果可以为画面添加杂色和颗粒，为画面营造出复古质感。

图 3-31

3.3.7 模糊与锐化效果

模糊和锐化效果组包括减少交错闪烁、方向模糊、钝化蒙版等6种视频效果，如图3-32所示。通过此组效果可以有效调整画面的模糊和锐化程度。

图 3-32

1. 方向模糊

"方向模糊"效果可以根据模糊角度和长度对画面进行模糊处理。在"效果"面板中依次展开"视频效果"|"模糊与锐化"文件夹，将"方向模糊"效果拖曳至素材上方，释放鼠标左键，如图3-33所示，可在"效果控件"面板中对参数进行设置，如图3-34所示。

图 3-33　　　　　　　图 3-34

图3-35所示为应用"方向模糊"效果的前后对比图。

图 3-35

> **提示** 通过"方向模糊"效果，可以在画面中制作出快速移动的效果。

2. 锐化

"锐化"效果可以快速聚焦模糊边缘，提高画面清晰度。在"效果"面板中依次展开"视频效果"|"模糊与锐化"文件夹，将"锐化"效果拖曳至素材上方，释放鼠标左键，如图3-36所示，可在"效果控件"面板中对参数进行设置，如图3-37所示。

图 3-36　　　　　　　图 3-37

图3-38所示为应用"锐化"效果的前后对比图。

图 3-38

图 3-42

图3-42所示。通过此组效果可以制作和修饰VR沉浸式画面。

> **提示** "锐化量"的参数值越大，画面锐化强度越大，但是过度锐化会使画面看起来生硬、杂乱，因此在使用该效果时要随时关注画面的效果。

3. 高斯模糊

"高斯模糊"效果可以使画面既模糊又平滑，有效降低素材的层次细节。在"效果"面板中依次展开"视频效果"|"模糊与锐化"文件夹，将"高斯模糊"效果拖曳至素材上方，释放鼠标左键，如图3-39所示，可在"效果控件"面板中对参数进行设置，如图3-40所示。

图 3-39　　　图 3-40

图3-41所示为应用"高斯模糊"效果的前后对比图。

图 3-41

3.3.8　沉浸式视频效果

沉浸式视频效果组包括VR分形杂色、VR发光、VR平面到球面、VR投影等11种视频效果，如

3.3.9　生成效果

生成效果组包括四色渐变、渐变、镜头光晕、闪电4种视频效果，如图3-43所示。通过此组效果可以设置一些类似于视频转场的特效。

图 3-43

1. 四色渐变

"四色渐变"效果可通过对颜色及其参数的调节，使画面中产生4种颜色的渐变效果。在"效果"面板中依次展开"视频效果"|"生成"文件夹，将"四色渐变"效果拖曳至素材上方，释放鼠标左键，如图3-44所示，可在"效果控件"面板中对参数进行设置，如图3-45所示。

图 3-44

图 3-45

图3-46所示为应用"四色渐变"效果的前后对比图,将"混合模式"改为"滤色",即可应用"四色渐变"效果。

图 3-46

2. 镜头光晕

"镜头光晕"效果可模拟在自然光下拍摄时所遇到的强光及产生的光晕效果。在"效果"面板中依次展开"视频效果"|"生成"文件夹,将"镜头光晕"效果拖曳至素材上方,释放鼠标左键,如图3-47所示,可在"效果控件"面板中对参数进行设置,如图3-48所示。

图 3-47   图 3-48

图3-49所示为应用"镜头光晕"效果的前后对比图。

图 3-49

3.3.10 视频效果

视频效果组包含SDR遵从情况、简单文本两种视频效果,如图3-50所示。通过此组效果可以设置素材的亮度、对比度、阈值和记录图像信号时的数字编码等。

图 3-50

3.3.11 调整效果

调整效果组主要是用于调整画面的颜色,包括Extract(提取)、Levels(水平)、ProcAmp、光照效果4种视频效果,如图3-51所示。

图 3-51

1. ProcAmp

ProcAmp效果可以调整画面的亮度、对比度、色相、饱和度等。在"效果"面板中依次展开"视频效果"|"调整"文件夹，将"ProcAmp"效果拖曳至素材上方，释放鼠标左键，如图3-52所示，可在"效果控件"面板中对参数进行设置，如图3-53所示。

图 3-52　　　　图 3-53

2. 光照效果

"光照效果"效果可以调整画面中阳光照射的效果。在"效果"面板中依次展开"视频效果"|"调整"文件夹，将"光照效果"效果拖曳至素材上方，释放鼠标左键，如图3-54所示，可在"效果控件"面板中对参数进行设置，如图3-55所示。

图 3-54　　　　图 3-55

3.3.12　过时效果

过时效果组可用于调整画面的颜色，该效果组包括RGB曲线、RGB颜色校正器、三向颜色校正器、亮度曲线等51种视频效果，如图3-56所示。

图 3-56

1. RGB曲线

"RGB曲线"效果可用于对画面颜色进行曲线调整。在"效果"面板中依次展开"视频效果"|"过时"文件夹，将"RGB曲线"效果拖曳至素材上方，释放鼠标左键，如图3-57所示，可在"效果控件"面板中对参数进行设置，如图3-58所示。

图 3-57　　　　图 3-58

提示　　在设置"RGB曲线"效果的曲线参数时，在需要添加控制点的曲线位置单击即可。

2. 快速模糊

"快速模糊"效果可以对画面整体或局部进行快速模糊。在"效果"面板中依次展开"视频效果"|"过时"文件夹，将"快速模糊"效果拖曳至素材上方，释放鼠标左键，如图3-59所示，

可在"效果控件"面板中对参数进行设置，如图3-60所示。

图　3-59　　　　　　图　3-60

图3-61所示为应用"快速模糊"效果的前后对比图。

图　3-61

3.3.13　过渡效果

过渡效果组包括块溶解、渐变擦除、线性擦除3种过渡效果，如图3-62所示。运用该组中的效果可以为视频添加类似于转场的过渡效果。

图　3-62

3.3.14　透视效果

透视效果组包括基本3D、投影两种视频效果，如图3-63所示。通过此组效果可以在画面中制作出透视3D效果，还可以添加阴影、使素材产生三维效果等。

图　3-63

3.3.15　通道效果

通道效果组包括反转1种视频效果，如图3-64所示。通过此组效果可以对素材通道进行反转处理。

图　3-64

3.3.16　键控效果

键控效果组包含Alpha调整、亮度键、超级键、轨道遮罩键、颜色键5种视频效果，如图3-65所示。通过此组效果可以为画面添加遮罩或进行抠像处理等。

图　3-65

"超级键"效果可用于给素材抠图，在"效果"面板中依次展开"视频效果"|"键控"文件夹，将"超级键"效果拖曳至素材上方，释放鼠标左键，如图3-66所示，可在"效果控件"面板中对参数进行设置，如图3-67所示。

图 3-66　　　　　　图 3-67

图3-68所示为应用"超级键"效果的前后对比图。

图 3-68

3.3.17　颜色校正效果

颜色校正效果组包含ASC CDL、Brightness & Contrast（亮度与对比度）、Lumetri颜色、色彩、视频限制器、颜色平衡6种视频效果，如图3-69所示。通过此组效果可以对画面的颜色进行调整和处理。

图 3-69

1. Lumetri颜色

"Lumetri颜色"效果可以对画面进行一些基础调整，在该效果的"基本校正"选项中可以调整画面的曝光、对比度、阴影、高光等。在"效果"面板中依次展开"视频效果"|"颜色校正"文件夹，将"Lumetri颜色"效果拖曳至素材上

方，释放鼠标左键，如图3-70所示，可在"效果控件"面板中对参数进行设置，如图3-71所示。

图 3-70　　　　　　图 3-71

2. 色彩

通过"色彩"效果可以调节视频中的黑白色的着色量。在"效果"面板中依次展开"视频效果"|"颜色校正"文件夹，将"色彩"效果拖曳至拖动到素材上方，释放鼠标左键，如图3-72所示，可在"效果控件"面板中对参数进行设置，如图3-73所示。

图 3-72　　　　　　图 3-73

图3-74所示为应用"色彩"效果的前后对比图。

图 3-74

3.3.18　风格化效果

风格化效果组包含Alpha发光、Replicate（复制）、彩色浮雕、查找边缘、画笔描边等9种视频效果，如图3-75所示。

图 3-75

1. Alpha发光

"Alpha发光"效果能够制作出发光效果。在"效果"面板中依次展开"视频效果"|"风格化"文件夹，将"Alpha发光"效果拖曳至素材上方，释放鼠标左键，如图3-76所示，可在"效果控件"面板中对参数进行设置，如图3-77所示。

图 3-76   图 3-77

2. 画笔描边

"画笔描边"效果能够使画面产生一种类似于画笔涂鸦或是水彩画的效果。在"效果"面板中依次展开"视频效果"|"风格化"文件夹，将"画笔描边"效果拖曳至素材上方，释放鼠标左键，如图3-78所示，可在"效果控件"面板中对参数进行设置，如图3-79所示。

图 3-78   图 3-79

图3-80所示为应用"画笔描边"效果的前后对比图。

图 3-80

3. 马赛克

"马赛克"效果可将画面自动转换为以像素块拼接的画面。在"效果"面板中依次展开"视频效果"|"风格化"文件夹，将"马赛克"效果拖曳至素材上方，释放鼠标左键，如图3-81所示，可在"效果控件"面板中对参数进行设置，如图3-82所示。

图 3-81   图 3-82

"水平块"和"垂直块"指画面宽和高的像素块数，当"水平块"和"垂直块"的数值为10和20时，对比图如图3-83所示。

图 3-83

3.4 应用案例：画面分割转场

分割转场指的是通过一个画面分割过渡到下一个画面，本案例的重点操作是"轨道遮罩键"

效果的使用，下面介绍应用视频效果来制作画面分割转场的具体操作。

▶️**01** 启动Premiere Pro 2022软件，新建项目，新建序列。

▶️**02** 执行"文件"|"导入"命令，弹出"导入"对话框，选择要导入的素材，单击"打开"按钮，如图3-84所示。

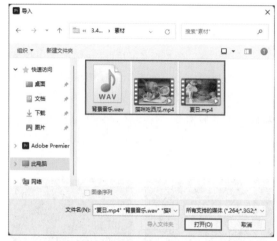

图 3-84

▶️**03** 在"项目"面板中选择"夏日.mp4""猫咪吃西瓜.mp4"素材，按住鼠标左键，将其拖曳至"时间轴"面板，如图3-85所示。

图 3-85

▶️**04** 在"工具"面板中选择"矩形工具" ■，在"节目监视器"面板中绘制一个矩形，并为其填充白色，如图3-86所示。

图 3-86

▶️**05** 在"时间轴"面板中选中"图形"素材后右击，在弹出的快捷菜单中执行"嵌套"命令，如图3-87所示。

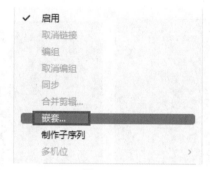

图 3-87

▶️**06** 双击进入嵌套序列，在"效果"面板中依次展开"视频效果"|"过渡"文件夹，将"线性擦除"效果拖曳至"图形"素材上方，如图3-88所示。

图 3-88

▶️**07** 选择过渡效果，进入"效果控件"面板，将时间线移动到起始位置，为"过渡完成"添加一个关键帧，并将数值设置为100%；将时间线移动到（00:00:03:00）位置，然后将数值设置为0%，同时将"擦除角度"设置为50°，如图3-89所示。

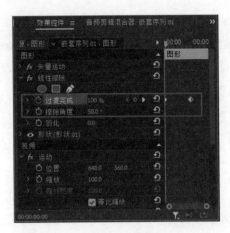

图 3-89

▶08 进入"时间轴"面板,选择"图形"素材,按住Alt键复制一层,并将其位置往下移动,将"擦除角度"设置为-50°,如图3-90和图3-91所示。

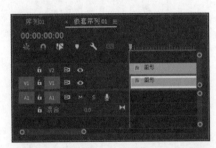

图 3-90

图 3-91

▶09 将"嵌套"素材移动到V3轨道00:00:15:23位置上,选择"猫咪吃西瓜.mp4"素材,在"效果"面板中依次展开"视频效果"|"键控"文件夹,将"轨道遮罩键"效果拖曳至"猫咪吃西瓜.mp4"素材上方,在"效果控件"面板中设置"遮罩"为"视频3",设置"合成方式"为"亮

度遮罩",如图 3-92所示。

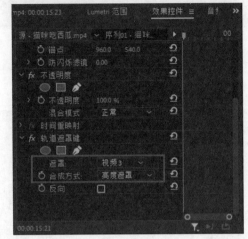

图 3-92

▶10 使所有素材结尾处对齐,在"效果"面板中依次展开"视频过渡"|"溶解"文件夹,将"黑场过渡"效果拖曳至"夏日.mp4"和"猫咪吃西瓜.mp4"素材结尾处,如图 3-93所示。

图 3-93

▶11 将"项目"面板中的"背景音乐.wav"素材拖曳至"时间轴"面板,并调整其长度和视频素材一致,如图3-94所示。

图 3-94

▶12 在"效果"面板中依次展开"音频过渡"|"交叉淡化"文件夹，将"指数淡化"效果拖曳至音频素材的结尾处，如图3-95所示。

图 3-95

▶13 按Enter键渲染项目，渲染完成后可预览视频效果，如图3-96和图3-97所示。

图 3-96

图 3-97

3.5 应用案例：画面旋转转场

画面旋转转场指的是一个画面旋转360°并逐渐过渡到另一个画面，下面介绍应用视频效果制作画面旋转转场的具体操作方法。

▶01 启动Premiere Pro 2022软件，新建项目，新建序列。

▶02 执行"文件"|"导入"命令，弹出"导入"对话框，选择要导入的素材，单击"打开"按钮，如图3-98所示。

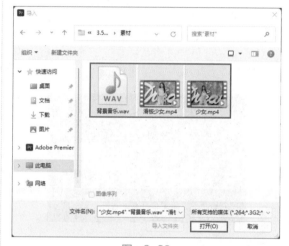

图 3-98

▶03 在"项目"面板中选择"少女.mp4"和"滑板少女.mp4"素材，按住鼠标左键，将其拖曳至"时间轴"面板，如图3-99所示。

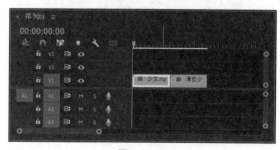

图 3-99

▶04 在"项目"面板中右击，在弹出的快捷菜单中执行"新建项目"|"调整图层"命令，将新建的"调整图层"素材拖曳至两段素材截断处的上方，设置左右跨度为10帧，并按住Alt键复制一层，如图3-100所示。

图 3-100

▶05 进入"时间轴"面板，选中V2轨道上的"调整图层"素材，在"效果"面板中依次展开"视频效果"|"风格化"文件夹，将"Replicate（复制）"效果拖曳至V2轨道上的"调整图层"素材上方，然后将"效果控件"面板中的"Count（计数）"设置为3，如图3-101所示。

图 3-101

▶06 给V2轨道上的"调整图层"素材添加4个镜像效果。在"效果"面板中依次展开"视频效果"|"扭曲"文件夹，将"镜像"效果拖曳至素材上方，将"反射角度"设置为90°、-90°、0°、180°，并调整其位置，如图3-102所示。

图 3-102

▶07 选中V3轨道上的"调整图层"素材，在"效果"面板中依次展开"视频效果"|"扭曲"文件夹，将"变换"效果拖曳至素材上方，调整"缩放"数值为291，将时间线移动到第一帧，为"旋转"添加一个关键帧，并调整数值为0°；移动到最后一帧，调整数值为360°，取消勾选"使用合成快门角度"复选框，将"快门角度"设置为300，如图3-103所示。

图 3-103

▶08 在"效果"面板中依次展开"视频过渡"|"溶解"文件夹，将"黑场过渡"效果拖曳至"滑板少女.mp4"素材的结尾处，如图3-104所示。

图 3-104

▶**09** 将"项目"面板中的"背景音乐.wav"素材拖曳至"时间轴"面板,并调整其长度与视频素材对齐,如图3-105所示。

图 3-105

▶**10** 在"效果"面板中依次展开"音频过渡"|"交叉淡化"文件夹,将"指数淡化"效果拖曳至音频素材的结尾处,如图3-106所示。

图 3-106

▶**11** 按Enter键渲染项目,渲染完成后可预览视频效果,如图3-107、图3-108所示。

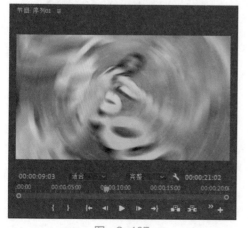

图 3-107

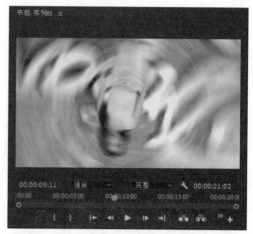

图 3-108

3.6 应用案例:电影黑场开幕片头

本案例将使用"裁剪"效果制作电影常用的黑场开幕作为片头,并且搭配字幕效果,使画面更加具有层次感,具体操作方法如下。

▶**01** 启动Premiere Pro 2022软件,新建项目,新建序列。

▶**02** 执行"文件"|"导入"命令,弹出"导入"对话框,选择要导入的素材,单击"打开"按钮,如图3-109所示。

图 3-109

▶**03** 在"项目"面板中选择"流浪地球.mp4"素材,将其拖曳至"时间轴"面板,如图3-110所示。

图 3-110

04 在"效果"面板中展开"视频效果"|"变换"文件夹，将"裁剪"效果拖曳至"流浪地球.mp4"素材上方，如图3-111所示。

图 3-111

05 进入"效果控件"面板中，将时间线移动到第一帧，为"顶部"和"底部"添加一个关键帧，调整数值为50°；移动到00:00:03:00位置，调整数值为0°，并自动添加一个关键帧，如图 3-112所示。

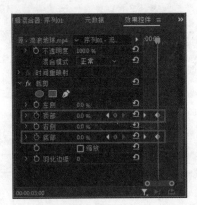

图 3-112

06 在"工具"面板中选择"文字工具" T，在"节目监视器"面板中单击并输入"Wandering Earth"，在"基本图形"面板中选择"Monotype Corsiva"字体，激活"仿粗体"按钮 T，如图3-113所示。

图 3-113

07 将所有素材结尾处对齐，选择"Wandering Earth"图形素材，进入"效果控件"面板，在起始位置为"不透明度"添加一个关键帧，调整数值为0%，移动到（00:00:02:00）位置，调整数值为100%，移动到（00:00:10:06）位置，添加一个关键帧，数值不变，再移动到视频结尾处，调整数值为0%，如图 3-114所示。

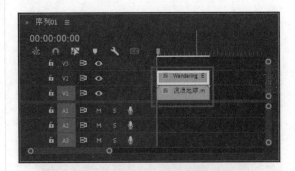

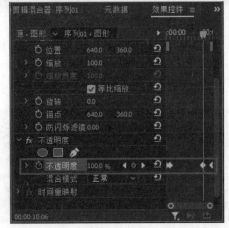

图 3-114

08 在"效果控件"面板中，取消勾选"等比缩放"复选框，在（00:00:00:10）位置，为"缩放宽度"添加一个关键帧，调整数值为157，移动

到（00:00:03:00）位置，调整数值为110，如图
3-115所示。

图　3-115

09 在"效果"面板中依次展开"视频过
渡"|"溶解"文件夹，将"黑场过渡"效果拖曳
至"流浪地球.mp4"素材的结尾处，如图 3-116
所示。

图　3-116

10 在"项目"面板中将"背景音乐.wav"素材
拖曳至"时间轴"面板，并调整其长度，使音频
长度与视频长度一致，如图3-117所示。

图　3-117

11 在"效果"面板中依次展开"音频过
渡"|"交叉淡化"文件夹，将"恒定增益"效果
拖曳至音频素材的结尾处，如图3-118所示。

图　3-118

12 按Enter键渲染项目，渲染完成后可预览视频
效果，如图 3-119所示。

图　3-119

3.7 拓展练习：蒙版转场

蒙版转场可以实现一个画面通过一个物体穿越到另一个画面的特效，主要使用的功能是蒙版抠图。在Premiere Pro 2022"项目"面板中导入素材，如图3-120所示，将素材拖入"节目监视器"面板中，在"时间轴"面板中将"月亮.mp4"素材后半部分截断并选中，在"效果控件"面板中选择"不透明度"效果，用钢笔工具给月亮画出蒙版，如图3-121所示，然后为素材创建放大动画。

图　3-120

图　3-121

之后的素材可以采用同样的方法进行制作，在为素材添加蒙版后，可使用"超级键"效果对素材进行抠像操作，如图3-122所示。完成操作后，为素材创建放大动画。

图　3-122

渲染完成后，视频预览效果如图3-123所示。

图　3-123

电子相册——
转场特效的应用

在视频的制作过程中，转场特效的应用至关重要，通过转场特效可以将两段素材更好地融合到一起。本章讲解Premiere Pro 2022中转场特效的作用、使用方法，以及利用转场特效制作不同类型电子相册的操作方法。

4.1 电子相册概述

电子相册具有传统相册无法比拟的优越性，包括图、文、声、像并茂的表现手法，可自由修改，快速检索，便于永久保存、简捷复制。电子相册的内容并不局限于摄影照片，也可以是各种艺术图片。

4.1.1 制作要点

与传统相册相比，电子相册更加方便，且交互性强，因此现在很多人都会选择将照片做成电子相册。制作电子相册的要点有以下3个。

1. 主题风格

电子相册的风格多种多样，可以是简单的拼接风格、怀旧风格、婚礼纪念册、青春纪念册，或是某个特定节日的宣传等。在制作电子相册前，要先确定好制作风格，然后根据风格选取合适的素材。

2. 剪辑节奏

电子相册的剪辑十分重要，例如一些节日广告的宣传电子相册可以剪辑得更欢快一些，而怀旧类的电子相册则可以更舒缓一些，合适的剪辑方式更能带动观赏者的情绪。

3. 风格统一

电子相册中所有元素的风格应该统一，从照片、背景音乐到剪辑的节奏都应当保持统一。

4.1.2 主要构成元素

电子相册的构成元素有许多，下面介绍几种常见的构成元素。

1. 图片

在电子相册中，图片是必不可少的一个重要元素，其他很多元素都是围绕图片来选择的。

2. 背景音乐

背景音乐可以烘托气氛，让电子相册更具感染力，可以根据图片的风格选取不同的背景音乐。

3. 文字

在电子相册中，文字也是很常见的元素，不同的字体会让作品呈现不一样的观感，同时还能传递信息，让观者明白创作者的创作意图。

4. 转场

大部分电子相册以图片为主，转场的添加可以使画面之间的切换更加自然，使两段素材更好地融合到一起。

4.2 转场特效的使用

在Premiere Pro 2022中，可以通过"效果"和"效果控件"两个面板来应用和编辑转场效果，下面介绍转场特效的基本操作。

4.2.1 添加视频转场特效

首先需要将至少两个素材拖入"时间轴"面

板（图片素材或视频素材），接着展开"效果"面板，在"视频过渡"文件夹中根据需要选择合适的视频过渡效果组，再选择合适的过渡效果并拖曳至两段素材之间，即可完成视频转场特效的添加，如图4-1和图4-2所示。

图 4-1

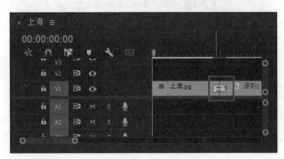

图 4-2

> **提示** 在"效果"面板上方的搜索框中直接输入过渡效果的名称并进行搜索，"效果"面板中将快速出现搜索的结果，这样可以在一定程度上节省操作时间。

4.2.2 转场特效参数调整

添加完过渡效果后，如果想对特效参数进行调整，可在"时间轴"面板中单击此效果，在"效果控件"面板中将出现该效果的参数，如图4-3所示。需要注意的是，不同转场效果所对应的参数不同。

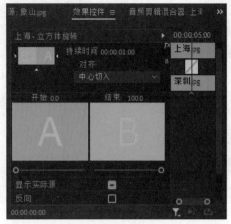

图 4-3

▶播放按钮：单击该按钮，可在下方的小窗口中查看该过渡效果。

- 持续时间：设置过渡效果的停留时间。
- 对齐：在下拉列表中可选择素材的对齐方式，包括中心切入、起点切入、终点切入以及自定义切入。
- 开始和结束：设置过渡效果中开始和结束的时间比。
- 显示实际源：勾选此复选框，可以在"效果控件"面板中对素材画面进行预览，如图4-4所示。

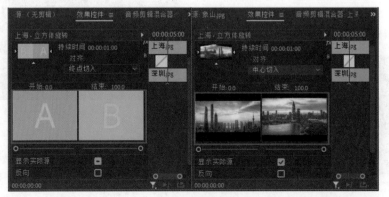

图 4-4

● 反向：勾选该复选框，动画效果将进行反
转，从相反的反向进入。图4-5所示为勾选
"反向"复选框的前后效果对比。

图　4-5

提示 不同的对齐类型可以控制不同的转场
效果。

4.2.3　调整转场特效的持续时间

在Premiere Pro 2022中添加的转场效果的默认
持续时间为1s，如果要修改转场的持续时间和速
度，可以使用以下3种方法。

1. 使用快捷菜单设置持续时间

在"时间轴"面板中选择转场效果，右击，
在弹出的快捷菜单中执行"设置过渡持续时间"
命令，如图4-6所示。在弹出的"设置过渡持续时
间"对话框中，可更改转场的持续时间，如图4-7
所示，完成设置后单击"确定"按钮。

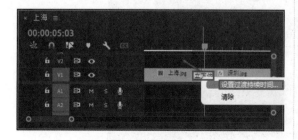

图　4-6

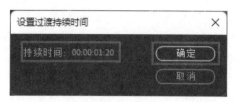

图　4-7

2. 在"效果控件"面板中更改持续时间

在"时间轴"面板中选择转场效果后，可以
在"效果控件"面板中修改"持续时间"，以调
整转场的持续时间，如图4-8所示。

图　4-8

3. 直接拖动调整持续时间

采用直接拖动的方法是最简单的，在"时间
轴"面板中选中转场效果，向左边或右边进行拖
动，即可调整转场的持续时间，如图4-9所示。

图　4-9

提示 双击"时间轴"面板中的转场效
果，可以在弹出的对话框中直接调整持
续时间。

4.3 转场特效的类型

Premiere Pro 2022中转场特效的类型众多，每一个特效组中包含多个同类型的过渡效果。下面介绍常用的转场特效。

4.3.1 3D运动特效组

3D运动特效组中的效果可使两个相邻的视频产生从二维到三维的过渡效果，该特效组包括立方体旋转、翻转两种过渡效果，如图4-10所示。

图 4-10

1. 立方体旋转

"立方体旋转"效果可以使素材在过渡过程中产生立方体旋转的效果。在"效果"面板中依次展开"视频过渡"|"3D运动"文件夹，将"立方体旋转"效果拖曳至素材上方，如图4-11所示。释放鼠标左键，即可添加效果，可以在"效果控件"面板中对参数进行设置，如图4-12所示。

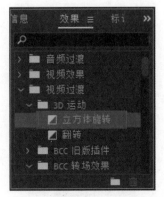

图 4-11

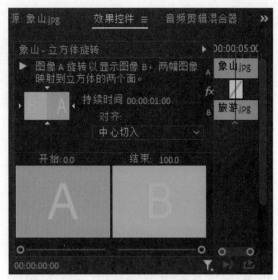

图 4-12

图4-13所示为应用"立方体旋转"效果后的画面。

图 4-13

2. 翻转

"翻转"效果使素材以画面中心为垂直点进行翻转，素材A逐渐翻转隐去，素材B渐渐显示出来。在"效果"面板中依次展开"视频过渡"|"3D运动"文件夹，将"翻转"效果拖曳至素材上方，如图4-14所示。释放鼠标左键，即可添加效果，可以在"效果控件"面板中对参数进行设置，如图4-15所示。

图 4-14

图 4-15

图 4-17

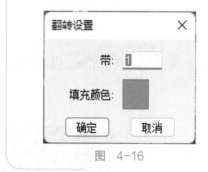

图 4-16

图4-17所示为应用"翻转"效果后的画面。

4.3.2 内滑特效组

"内滑"特效组中的效果主要是通过画面滑动的方式来实现素材A和素材B之间的切换,该特效组包括中心拆分、内滑、带状内滑、急摇、拆分、推6种过渡效果,如图4-18所示。

图 4-18

1. 中心拆分

"中心拆分"效果是从画面中心点开始,将素材A切分为4个部分,并分别向画面的4角处移动,直到移出画面显示出素材B。在"效果"面板中依次展开"视频过渡"|"内滑"文件夹,将"中心拆分"效果拖曳至素材上方,如图4-19所示。释放鼠标左键,即可添加效果,可以在"效果控件"面板中对参数进行设置,如图4-20所示。

图 4-19

提示 单击"效果控件"面板中的"自定义"按钮,在弹出的"翻转设置"对话框中可以设置"带"的数量及"填充颜色",如图4-16所示。

图 4-20

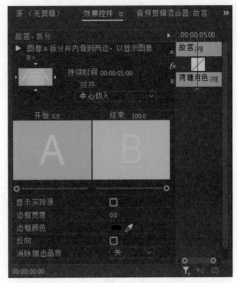

图 4-23

图4-21所示为应用"中心拆分"效果后的画面。

图4-24所示为应用"拆分"效果后的画面。

图 4-21

图 4-24

2. 拆分

"拆分"效果可以将素材A从中间分开,然后向两边滑出并将素材B逐渐显示出来。在"效果"面板中依次展开"视频过渡"|"内滑"文件夹,将"拆分"效果拖曳至素材上方,如图4-22所示。释放鼠标左键,即可添加效果,可以在"效果控件"面板中对参数进行设置,如图4-23所示。

图 4-22

3. 推

"推"效果与"内滑"效果相似,也是使素材B由左向右进入画面直到完全将素材A覆盖。在"效果"面板中依次展开"视频过渡"|"内滑"文件夹,将"推"效果拖曳至素材上方,如图4-25所示。释放鼠标左键,即可添加效果,可以在"效果控件"面板中对参数进行设置,如图4-26所示。

图 4-25

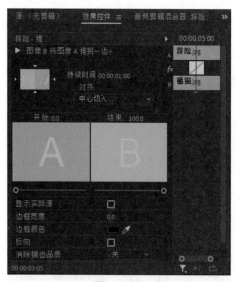

图 4-26

图4-27所示为应用"推"效果后的画面。

图 4-27

4.3.3 划像特效组

"划像"特
效组中的效果可
以使素材A进行
伸展，并逐渐显
示出素材B。该
特效组包括交叉
划像、圆划像、
盒形划像、菱
形划像4种过渡
效果，如图4-28
所示。

图 4-28

1. 圆划像

"圆划像"效
果可以使素材B以
圆形的呈现方式
逐渐扩大到素材A
的上方，直到完
全显示出素材B。
在"效果"面板中
依次展开"视频过
渡"|"划像"文件
夹，将"圆划像"

图 4-29

效果拖曳至素材上方，如图4-29所示。释放鼠标
左键，即可添加效果，可以在"效果控件"面板
中对参数进行设置，如图4-30所示。

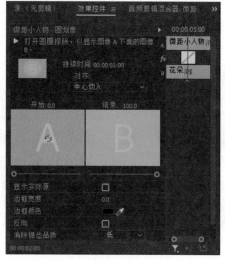

图 4-30

图4-31所示为应用"圆划像"效果后的
画面。

图 4-31

2. 盒形划像

"盒形划像"效果在过渡时素材B会以矩形的形状逐渐扩大到素材A画面上，直到完全将素材A覆盖。在"效果"面板中依次展开"视频过渡"|"划像"文件夹，将"盒形划像"效果拖曳至素材

图　4-32

上方，如图4-32所示。释放鼠标左键，即可添加效果，可以在"效果控件"面板中对参数进行设置，如图4-33所示。

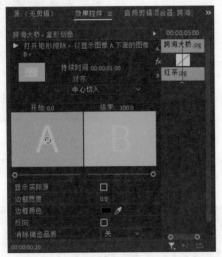

图　4-33

图4-34所示为应用"盒形划像"效果后的画面。

图　4-34

3. 菱形划像

"菱形划像"效果在过渡时素材B会以菱形的形状逐渐出现在素材A上方，直到素材B完全将素材A覆盖。在"效果"面板中依次展开"视频过渡"|"划像"文件夹，将"菱形划像"效果拖曳至素材上方，如图4-35所示。

图　4-35

释放鼠标左键，即可添加效果，可以在"效果控件"面板中对参数进行设置，如图4-36所示。

图　4-36

图4-37所示为应用"菱形划像"效果后的画面。

图　4-37

4.3.4 擦除特效组

"擦除"特效组中的效果可使A、B两个素材通过擦拭的方式来进行过渡，该特效组包括划出、双侧平推门、带状擦除、径向擦除等17种效果，如图4-38所示。

图 4-38

1. 带状擦除

"带状擦除"效果使素材B以条状形状从画面两侧进入，并且不断向中间运动，直到素材A完全消失。在"效果"面板中依次展开"视频过渡"|"擦除"文件夹，将"带状擦除"效果拖曳至素材上方，如图4-39所示。释放鼠标左键，即可添加效果，可以在"效果控件"面板中对参数进行设置，如图4-40所示。

图 4-39

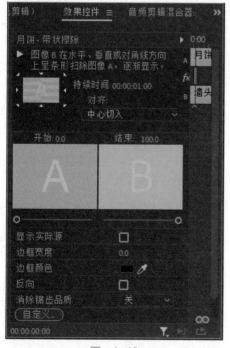

图 4-40

图4-41所示为应用"带状擦除"效果后的画面。

图 4-41

2. 径向擦除

"径向擦除"效果使素材A以左上角为中心点顺时针擦除，直到完全显示素材B。在"效果"面板中依次展开"视频过渡"|"擦除"文件夹，将"径向擦除"效果拖曳至素材上方，如图4-42所示。释放鼠标左键，即可添加效果，可以在"效果控件"面板中对参数进行设置，如图4-43所示。

图 4-42

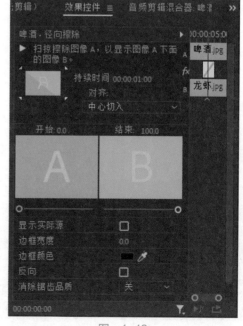

图 4-43

图4-44所示为应用"径向擦除"效果后的画面。

图 4-44

3. 时钟式擦除

"时钟式擦除"效果使素材A以中心点转动的方式进行画面旋转擦除，直到素材B完全将素材A覆盖。在"效果"面板中依次展开"视频过渡"|"擦除"文件夹，将"时钟式擦除"效果拖曳至素材上方，如图4-45所示。

图 4-45

释放鼠标左键，即可添加效果，可以在"效果控件"面板中对参数进行设置，如图4-46所示。

图 4-46

图4-47所示为应用"时钟式擦除"效果后的画面。

图 4-47

4. 棋盘擦除

"棋盘擦除"效果使素材B以棋盘的形式进行画面擦除。在"效果"面板中依次展开"视频过渡"|"擦除"文件夹，将"棋盘擦除"效果拖曳至素材上方，如图4-48所示。释放鼠标左键，即可添加该效果，可以在"效果控件"面板中对参数进行设置，如图4-49所示。

图 4-48

图 4-49

图4-50所示为应用"棋盘擦除"效果后的画面。

图 4-50

图4-53所示为应用"楔形擦除"效果后的画面。

图 4-53

5. 楔形擦除

"楔形擦除"效果将素材B以扇形形状逐渐呈现出来，直到将素材A完全覆盖。在"效果"面板中依次展开"视频过渡"|"擦除"文件夹，将"楔形擦除"效果拖曳至素材上方，如图4-51所示。释放鼠标左键，即可添加效果，可以在"效果控件"面板中对参数进行设置，如图4-52所示。

图 4-51

图 4-52

6. 油漆飞溅

"油漆飞溅"效果使素材A以油漆点状擦除，直到素材B完全覆盖整个画面。在"效果"面板中依次展开"视频过渡"|"擦除"文件夹，将"油漆飞溅"效果拖曳至素材上方，如图4-54所示。释放鼠标左键，即可添加该效果，可以在"效果控件"面板中对参数进行设置，如图4-55所示。

图 4-54

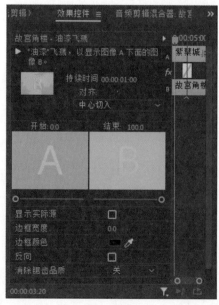

图 4-55

图4-56所示为应用"油漆飞溅"效果后的画面。

图　4-56

7.渐变擦除

"渐变擦除"效果使素材A淡化，直到慢慢地显现出素材B。在"效果"面板中依次展开"视频过渡"|"擦除"文件夹，将"渐变擦除"效果拖曳至素材上方，如图4-57所示。释放鼠标左键，即可添加该效果，可以在"效果控件"面板中对参数进行设置，如图4-58所示。

图　4-57

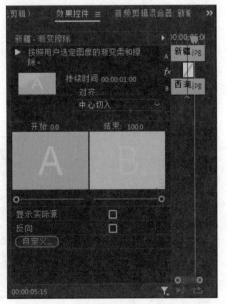

图　4-58

在添加该效果时，会弹出"渐变擦除设置"对话框，在此对话框中可调整需要过渡的图像及过渡的"柔和度"，如图4-59所示。图4-60所示为应用"渐变擦除"效果后的画面。

图　4-59

图　4-60

> **提示**　在应用"渐变擦除"效果时，可以设置过渡图片，通过这一设置可以控制画面过渡的效果。

8.百叶窗

"百叶窗"效果可以模拟真正的百叶窗拉动的效果，以百叶窗的形式将素材A逐渐过渡到素材B。在"效果"面板中依次展开"视频过渡"|"擦除"文件夹，将"百叶窗"效果拖曳至素材上方，如图4-61所示。释放鼠标左键，即可添加该效果，可以在"效果控件"面板中对参数进行设置，如图4-62所示。

图　4-61

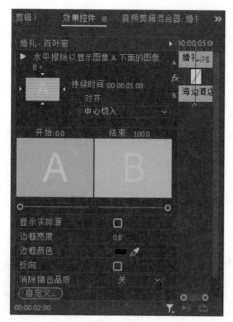

图 4-62

图4-63所示为应用"百叶窗"效果后的画面。

图 4-63

9. 随机擦除

"随机擦除"效果使素材B由上往下以方块的形式随机擦除，直到将素材A全部覆盖。在"效果"面板中依次展开"视频过渡"|"擦除"文件夹，将"随机擦除"效果拖曳至素材上方，如图4-64所示。释放鼠标左键，即可添加该效果，可

图 4-64

以在"效果控件"面板中对参数进行设置，如图4-65所示。

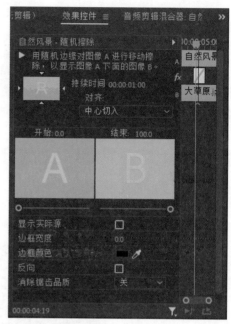

图 4-65

图4-66所示为应用"随机擦除"效果后的画面。

图 4-66

10. 风车

"风车"效果可以模拟风车旋转的擦除效果，素材B以风车旋转叶形式逐渐出现在素材A中，直到素材B完成显示。在"效果"面板中依次展开"视频过渡"|"擦除"文件夹，将"风车"效果拖

图 4-67

曳至素材上方，如图4-67所示。释放鼠标左键，即可添加该效果，可以在"效果控件"面板中对参数进行设置，如图4-68所示。

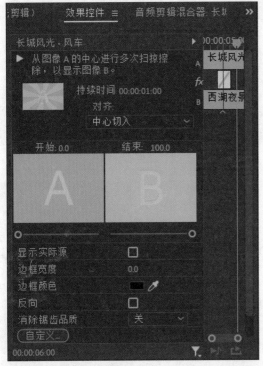

图 4-68

图4-69所示为应用"风车"效果后的画面。

图 4-69

4.3.5 沉浸式视频特效组

"沉浸式视频"特效组可将两个素材以沉浸的方式进行过渡。该特效组包括VR光圈擦除、VR光线、VR渐变擦除、VR漏光等8种过渡效果，如图4-70所示。

图 4-70

> **提示** "沉浸式视频"特效组的转场方式都需要CPU的加速。

1. VR光圈擦除

"VR光圈擦除"效果可以模拟相机拍摄时的光圈擦除效果。在"效果"面板中依次展开"视频过渡"|"沉浸式视频"文件夹，将"VR光圈擦除"效

图 4-71

果拖曳至素材上方，如图4-71所示。释放鼠标左键，即可添加该效果，可以在"效果控件"面板中对参数进行设置，如图4-72所示。

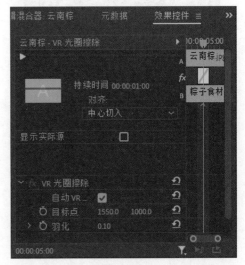

图 4-72

图4-73所示为应用"VR光圈擦除"效果后的画面。

图 4-73

2. VR光线

"VR光线"效果可以利用光线进行VR沉浸式的转场。在"效果"面板中依次展开"视频过渡"|"沉浸式视频"文件夹，将"VR光线"效果拖曳至素材上方，如图4-74所示。释放鼠标左键，即可添加该效果，可以在"效果控件"面板中对参数进行设置，如图4-75所示。

图 4-74

图 4-75

图4-76所示为应用"VR光线"效果后的画面。

图 4-76

3. VR渐变擦除

"VR渐变擦除"效果用于VR沉浸式的画面渐变擦除效果。在"效果"面板中依次展开"视频过渡"|"沉浸式视频"文件夹，将"VR渐变擦除"效果拖曳至素材上方，如图4-77所示。释放鼠标左键，即可添加效果，可以在"效果控件"面板中对参数进行设置，如图4-78所示。

图 4-77

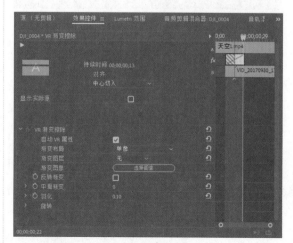

图 4-78

图4-79所示为应用"VR渐变擦除"效果后的画面。

图 4-79

4. VR球形模糊

"VR球形模糊"效果可以模拟模糊球形的VR沉浸式过渡。在"效果"面板中依次展开"视频过渡"|"沉浸式视频"文件夹，将"VR球形模糊"效果拖曳至素材上方，如图4-80所示。释放鼠标左键，即可添加效果，可以在"效果控件"面板中对参数进行设置，如图4-81所示。

图 4-80

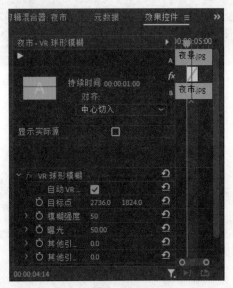

图 4-81

图4-82所示为应用"VR球形模糊"效果后的画面。

图 4-82

5. VR随机块

"VR随机块"效果用于设置VR沉浸式的画面状态。在"效果"面板中依次展开"视频过渡"|"沉浸式视频"文件夹，将"VR随机块"效果拖曳至素材上方，如图4-83所示。释放鼠标左键，即可添加效果，可以在"效果控件"面板中对参数进行设置，如图4-84所示。

图 4-83

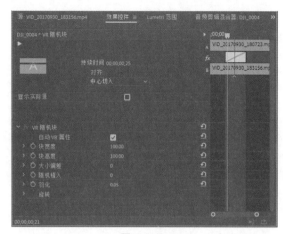

图 4-84

图 4-87

1. MorphCut

"MorphCut"效果可以修复跳帧之类的现象。在"效果"面板中依次展开"视频过渡"|"溶解"文件夹，将"MorphCut"效果拖曳至素材上方，如图4-87所示。释放鼠标左键，即可添加效果，可以在"效果控件"面板中对参数进行设置，如图4-88所示。

图4-85所示为应用"VR随机块"效果后的画面。

图 4-85

4.3.6　溶解特效组

"溶解"特效组中的过渡效果可使素材A逐渐过渡到素材B，这组过渡效果比较自然柔和。该特效组包括MorphCut、交叉溶解、叠加溶解等7种过渡效果，如图4-86所示。

图 4-86

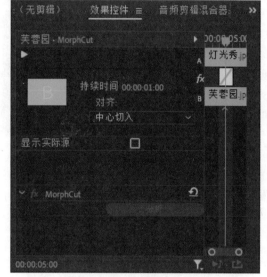

图 4-88

图4-89所示为应用"MorphCut"效果后的画面。

图 4-89

2. 交叉溶解

"交叉溶解"效果使素材A和素材B交叉叠加，素材A慢慢消失直到素材B完全显示。在"效果"面板中依次展开"视频过渡"|"溶解"文件夹，将"交叉溶解"效果拖曳至素材上方，如图4-90所示。释放鼠标左键，即可添加效果，可以在"效果控件"面板中对参数进行设置，如图4-91所示。

图 4-90

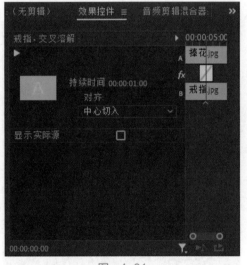

图 4-91

图4-92所示为应用"交叉溶解"效果后的画面。

图 4-92

3. 白场过渡

"白场过渡"效果使素材A逐渐变为白色，再由白色逐渐过渡到素材B。在"效果"面板中依次展开"视频过渡"|"溶解"文件夹，将"白场过渡"效果拖曳至素材上方，如图4-93所示。释放鼠标左键，即可添加效果，可以在"效果控件"面板中对参数进行设置，如图4-94所示。

图 4-93

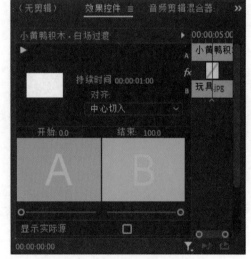

图 4-94

图4-95所示为应用"白场过渡"效果后的画面。

图 4-95

4. 胶片溶解

"胶片溶解"效果使素材A的透明度慢慢降低直到将素材B完全显示出来。在"效果"面板中依次展开"视频过渡"|"溶解"文件夹，将"胶片溶解"效果拖曳至素材上方，

图 4-96

如图4-96所示。释放鼠标左键，即可添加效果，可以在"效果控件"面板中对参数进行设置，如图4-97所示。

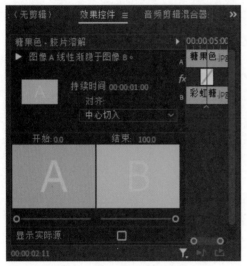

图 4-97

图4-98所示为应用"胶片溶解"效果后的画面。

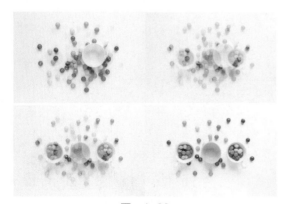

图 4-98

5. 黑场过渡

"黑场过渡"效果和"白场过渡"效果相似，只是颜色不同，"黑场过渡"效果使素材A逐渐变为黑色，再由黑色逐渐过渡到素材B。在"效果"面板中依次展开"视频过渡"|"溶解"文件夹，将"黑场过渡"效果拖曳

图 4-99

至素材上方，如图4-99所示。释放鼠标左键，即可添加效果，可以在"效果控件"面板中对参数进行设置，如图4-100所示。

图 4-100

图4-101所示为应用"黑场过渡"效果后的画面。

图 4-101

4.3.7 缩放特效组

"缩放"特效组可将素材A和素材B以缩放的形式进行过渡，该特效组只有一个过渡效果，即交叉缩放，如图4-102所示。

图 4-102

"交叉缩放"效果使素材A不断地放大移出画面，将素材B由大到小缩放进入画面。在"效果"面板中依次展开"视频过渡"|"缩放"文件夹，将"交叉缩放"效果拖曳至素材上方，如图4-103所示。释放鼠标左键，即可添加效果，可以在"效果控件"面板中对参数进行设置，如图4-104所示。

图 4-103

图 4-104

图4-105所示为应用"交叉缩放"效果后的画面。

图 4-105

4.3.8 页面剥落特效组

"页面剥落"特效组通常用于表现空间及时间的画面场景，该特效组包括翻页、页面剥落两个过渡效果，如图4-106所示。

图 4-106

1. 翻页

"翻页"效果使素材A以翻书的形式进行过渡，卷起时背面为透明状态，直到素材B完全显示出来。在"效果"面板中依次展开"视频过渡"|"页面剥落"文件夹，将"翻页"效果拖曳至素材上方，如图4-107所示。释放鼠标左键，即可添加效果，可以在"效果控件"面板中对参数进行设置，如图4-108所示。

图 4-107

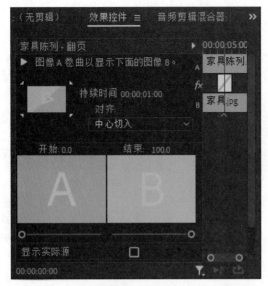

图 4-108

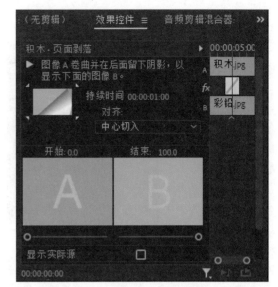

图 4-111

图4-109所示为应用"翻页"效果后的画面。

图4-112所示为应用"页面剥落"效果后的画面。

图 4-109

图 4-112

2. 页面剥落

"页面剥落"效果和"翻页"效果类似，不同的是，"页面剥落"效果卷起时背面为不透明状态，直到素材B完全显示出来。在"效果"面板中依次展开"视频过渡"|"页面剥落"文件夹，将"页面剥落"效果拖曳至素材上方，如图4-110所示。释放鼠标左键，即可添加效果，可以在"效果控件"面板中对参数进行设置，如图4-111所示。

图 4-110

4.4 应用案例：3D电子相册

转场是电子相册中比较重要的组成部分，本节利用Premiere Pro 2022中自带的转场效果来制作一款3D电子相册。

▷01 启动Premiere Pro 2022软件，新建项目，新建序列。

▷02 执行"文件"|"导入"命令，弹出"导入"对话框，选择要导入的素材，单击"打开"按钮，如图4-113所示。

▶ **03** 在"项目"面板中依次选择"重庆.mp4""新疆.mp4""武汉.mp4""四川.mp4"素材,按住鼠标左键,将素材拖曳至"时间轴"面板,如图4-114所示。

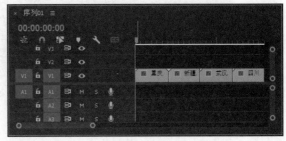

图 4-113 图 4-114

▶ **04** 框选4个素材,按住Alt键,向上复制一层到V2轨道中,如图4-115所示。

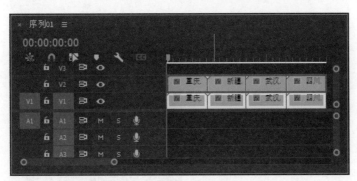

图 4-115

▶ **05** 在"效果"面板中依次展开"视频效果"|"模糊与锐化"文件夹,将"高斯模糊"效果拖曳至V1轨道中的4个素材上,如图4-116所示。

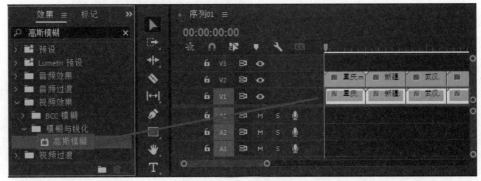

图 4-116

▶ **06** 选择V1轨道中的"重庆.mp4"素材,在"效果控件"面板中展开"高斯模糊"参数,调整"模糊度"数值为80,如图4-117所示。

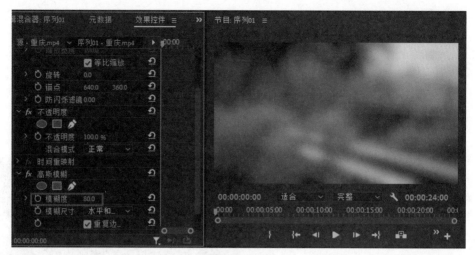

图 4-117

▶07 在"时间轴"面板中右击V1轨道中的"重庆.mp4"素材，在弹出的快捷菜单中执行"复制"命令，快捷键为Ctrl+C，框选后面三个素材，右击，在弹出的快捷菜单中执行"粘贴属性"命令，快捷键为Ctrl+Alt+V，单击"确定"按钮，如图4-118所示。

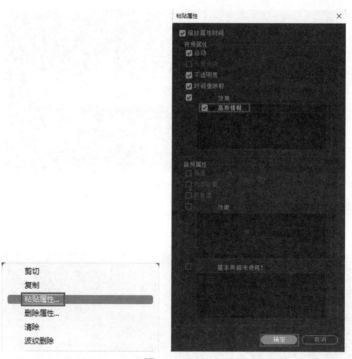

图 4-118

提示　操作V1轨道效果时，激活V2轨道上的"切换轨道输出"按钮🔲，便于更好地观察V1轨道上的素材效果。

▶08 选择V2轨道中的"重庆.mp4"素材，在"效果控件"面板中，调整"缩放"数值为65，框选后面三个素材，右击，在弹出的快捷菜单中执行"粘贴属性"命令，如图4-119所示。

图 4-119

09 在"工具"面板中选择矩形工具T，在"节目监视器"面板中绘制一个白色的边框，进入"基本图形"面板，取消勾选"填充"复选框，勾选"描边"复选框，调整数值为10，如图4-120所示。

图 4-120

10 选择V3轨道中的"图形"素材，按住Alt键向后复制三层，并将V2轨道上的视频素材与V3轨道上对应的图形素材进行嵌套，框选两个素材，右击，在弹出的快捷菜单中执行"嵌套"命令，在弹出的"嵌套序列名称"对话框中单击"确定"按钮，如图4-121所示。

图 4-121

▶**11** 在"效果"面板中依次展开"视频效果"|"透视"文件夹，将"基本3D"效果拖曳至V2轨道中的
"嵌套序列01"素材上方，如图4-122所示。

图 4-122

▶**12** 进入"效果控件"面板，展开"基本3D"参数，将时间线移动到起始位置，为"旋转""倾斜"
效果添加一个关键帧，将"旋转"数值设置为23°，"倾斜"数值设置为-29°；将时间线移动到
（00:00:06:00）位置，将"旋转"数值设置为-29°，"倾斜"数值设置为-7°，将时间线移动到起始位
置，为"位置"添加一个关键帧，将y轴数值设置为961（直至画面在"节目监视器"面板之外即可），
将时间线移动到（00:00:01:20）位置上，将y轴数值设置为360，如图4-123所示。

图 4-123

▶**13** 后面三个素材重复上一步操作，调整效果完成后，将V2轨道中的嵌套序列素材与V1轨道中对应的
视频素材再次进行嵌套，如图4-124所示。

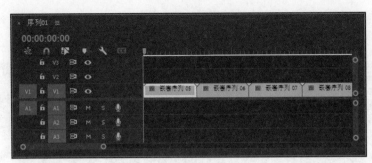

图 4-124

▶14 在"效果"面板中依次展开"视频过渡"|"溶解"文件夹,将"白场过渡"效果拖曳至"嵌套序列05"素材起始处,如图4-125所示。

图 4-125

▶15 在"效果"面板中搜索"划出"效果,然后按住鼠标左键将其拖曳至"嵌套序列05"和"嵌套序列06"素材中间,释放鼠标左键,如图4-126所示。

图 4-126

▶16 在"效果"面板中搜索"油漆飞溅"效果,然后按住鼠标左键将其拖曳至"嵌套序列06"和"嵌套序列07"素材中间,释放鼠标左键,如图4-127所示。

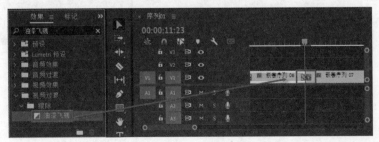

图 4-127

▶17 在"效果"面板中搜索"交叉缩放"效果，然后按住鼠标左键将其拖曳至"嵌套序列07"和"嵌套序列08"素材中间，释放鼠标左键，如图4-128所示。

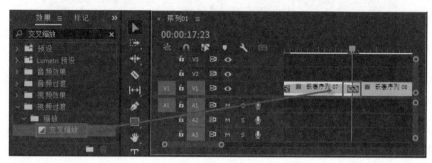

图 4-128

▶18 在"效果"面板中搜索"黑场过渡"效果，然后按住鼠标左键将其拖曳至"嵌套序列08"素材结尾处，释放鼠标左键，如图4-129所示。

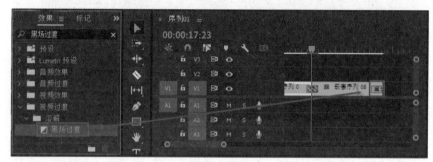

图 4-129

▶19 完成上述操作后，对应的画面效果如图4-130所示。

图 4-130

▶20 在"项目"面板中将"背景音乐.wav"素材拖曳至"时间轴"面板，将长度调整为和视频素材一致，如图4-131所示。

▶21 在"效果"面板中依次展开"音频过渡"|"交叉淡化"文件夹，将"恒定增益"效果拖曳至音频素材结尾处，如图4-132所示。

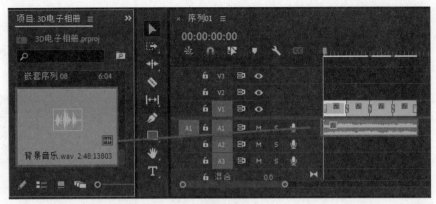

图 4-131

图 4-132

▶22 按Enter键渲染项目，渲染完成后可预览视频效果，如图4-133所示。

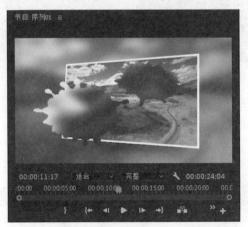

图 4-133

4.5 应用案例：小清新旅游相册

将旅行过程中拍摄的照片制作成电子相册，下面介绍制作小清新旅游相册的具体操作方法。

▶01 启动Premiere Pro 2022软件，新建项目，新建序列。

▶️**02** 执行"文件"|"导入"命令，弹出"导入"对话框，选择需要导入的素材，单击"打开"按钮，如图4-134所示。

▶️**03** 在"项目"面板中选择"背景2.jpg"素材，按住鼠标左键将其拖曳至"节目监视器"面板，如图4-135所示。

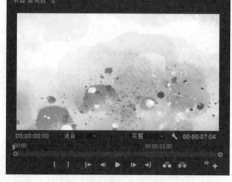

图 4-134   图 4-135

▶️**04** 将事先准备好的"春游女孩.png"素材拖入"时间轴"面板，并在"效果控件"面板中为素材添加"位置""缩放"和"不透明度"关键帧，让女孩们逐渐走入画面，如图4-136所示。

图 4-136

▶️**05** 在"工具"面板中选择"文字工具"**T**，在"节目监视器"面板中单击并输入文字"旅游相册"，进入"基本图形"面板调整参数，如图4-137所示。

▶️**06** 在"项目"面板中选择"对话框（1）.png"素材，按住鼠标左键将其拖曳至"节目监视器"面板，并调整其位置，如图4-138所示。

图 4-137   图 4-138

▶07 选择"旅游相册"字幕素材和"对话框（1）.png"素材，右击，在弹出的快捷菜单中执行"嵌套"命令，如图4-139所示。

图 4-139

▶08 在"项目"面板中选择"彩色纸飞机.png"素材，按住鼠标左键将其拖曳至"节目监视器"面板，并在"效果控件"面板中添加关键帧，如图4-140所示。

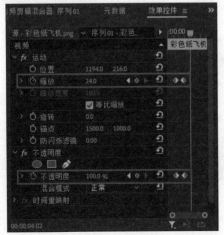

图 4-140

▶09 在"工具"面板中选择"文字工具" T，在"节目监视器"面板中单击并输入文字"旅途开始。"，在"基本图形"面板中调整参数，如图4-141所示。

▶10 在"项目"面板中选择"旅游巴士.png"素材，按住鼠标左键将其拖曳至"节目监视器"面板，如图4-142所示。

图 4-141

图 4-142

▶11 同时选择"旅途开始。"字幕素材和"旅游巴士.png"素材，右击，在弹出的快捷菜单中执行"嵌套"命令，如图4-143所示，并在"效果控件"面板中添加关键帧，如图4-144所示。

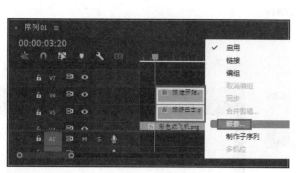

图 4-143

图 4-144

▶12 将除了背景素材之外的所有素材选中，右击，在弹出的快捷菜单中执行"嵌套"命令，如图4-145所示。

▶13 将时间线移动到（00:00:07:04）位置，在"项目"面板中将"背景1""猫咪""热气球""小彩虹""蝴蝶"素材拖曳至"时间轴"面板，作为背景，如图4-146所示。

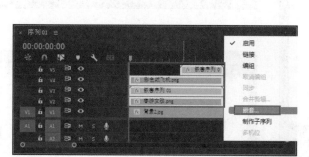

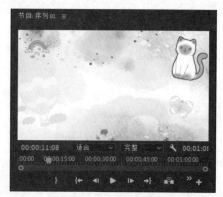

图 4-145

图 4-146

▶14 将"猫咪.png""热气球.png""小彩虹.png""蝴蝶.png"4个素材选中，然后右击，在弹出的快捷菜单中执行"嵌套"命令，如图4-147所示。

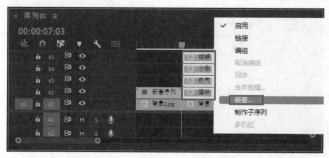

图 4-147

▶15 在"项目"面板中将"丽江.mp4""水彩笔刷.mp4""取景框.mov"素材依次拖曳至"时间轴"面板，如图4-148所示。

▶**16** 选中"丽江.mp4"素材,在"效果"面板中依次展开"视频效果"|"键控"文件夹,将"轨道遮罩键"效果拖曳至"丽江.mp4"素材上方,释放鼠标左键,并在"效果控件"面板中将"遮罩"修改为"视频4","合成方式"修改为"Alpha遮罩",如图4-149所示。

图 4-148   图 4-149

▶**17** 在"工具"面板中选择"文字工具" **T**,在"节目监视器"面板中单击并输入文字"丽江",进入"基本图形"面板调整参数。在"效果"面板中依次展开"视频过渡"|"擦除"文件夹,将"划出"效果拖曳至"丽江"素材前端,如图4-150所示。

▶**18** 在"项目"面板中将"汽车分割线.png"素材拖曳至"时间轴"面板,同样为其添加"划出"效果,如图4-151所示。

图 4-150   图 4-151

▶**19** 将所有素材选中,右击,在弹出的快捷菜单中执行"嵌套"命令,如图4-152所示。

▶**20** 后面的操作方法相同,需要插入多少段视频就复制多少个嵌套,然后双击进入嵌套,将视频更改即可,如图4-153所示。

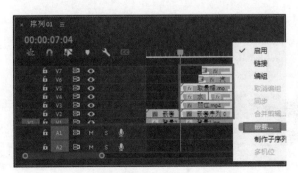

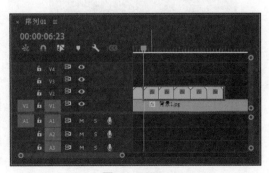

图 4-152   图 4-153

▶21 在"项目"面板中将"星星闪烁.mov"素材拖曳至"时间轴"面板，如图4-154所示。

▶22 在每段嵌套素材的中间增加 "烟雾转场.mov"素材，并设置每段烟雾素材的时间为2s，如图4-155所示。

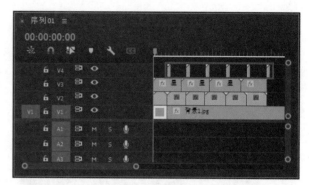

图 4-154   图 4-155

▶23 将背景音乐拖曳至"时间轴"面板，并对应每段"烟雾转场.mov"素材的时间点添加"气泡.mp3"素材，同时在每个地标出现的时间点也添加一个音效，如图4-156所示。

▶24 将时间线移动到（00:00:57:21）位置，在"工具"面板中选择"文字工具" T ，在"节目监视器"面板中单击并输入文字"Let's go travel！"，进入"基本图形"面板调整参数，如图4-157所示。

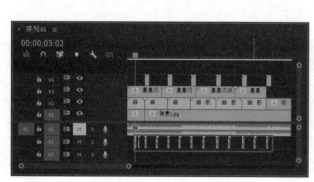

图 4-156   图 4-157

▶25 将"项目"面板中的"城市.png"素材放置到视频结尾处，效果如图4-158所示。

▶26 按Enter键渲染项目，渲染完成后可预览视频效果，如图4-159所示。

图 4-158   图 4-159

4.6 拓展练习：胶片播放相册

胶片播放相册可用在回忆场景中或怀旧电影结尾处。制作胶片播放相册主要使用的是"字幕"编辑器面板，选择矩形工具，在画面上绘制多个"矩形"，如图4-160所示。将"矩形"的顺序进行排列，排列时，如果发现位置不够，可以单击"滚动"按钮，通过调整边上的进度条进行排列，如图4-161所示。

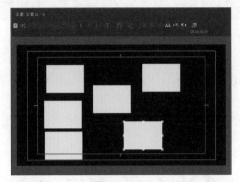

图 4-160

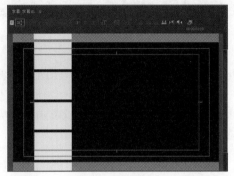

图 4-161

选择矩形，在旧版标题属性栏中找到"纹理"属性，如图4-162所示，选择纹理照片，单击"打开"按钮，如图4-163所示，即可为方框添加照片。

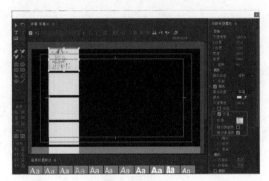

图 4-162

图 4-163

给所有"矩形"添加画面后，为素材添加运动动画，如图4-164所示，渲染完成后预览效果如图4-165所示。

图 4-164

图 4-165

Premiere Pro 2022具备强大的字幕创建及编辑功能，该软件不仅有众多字幕工具可供使用，还可以通过调整参数改变文字效果及文字属性，从而完成精美的影视作品。

5.1 节目包装概述

节目包装指的是对节目的整体形象进行一种特色化、个性化的包装宣传，其主要目的是突出节目的特色，增强观众对节目的识别能力和理解能力，并为观众带来良好的视觉体验。

5.1.1 字体设计

在节目包装中，字体的风格应该与节目的总体风格保持一致。一般字体设计是体现节目特色的重要方式，也是强化节目风格的符号，如图5-1所示。

图 5-1

5.1.2 文字排版

文字排版是节目包装中非常重要的环节，除了能提供信息外，还能使画面更加美观，让作品风格更明显，并且更好地突出主体，如图5-2所示。

图 5-2

5.1.3 色彩设计

色彩是节目包装非常重要的元素之一，合理的色彩搭配能使节目更具吸引力。在进行色彩设计时，应该把握两个重要的基本原则：一是色彩应该与节目的内容协调一致，二是色彩本身的协调性，如图5-3所示。

ABCDEFG
HIJKLMN
OPQRST
UVWXYZ

图 5-3

5.1.4 图形设计

在节目包装中，除了要使用文字之外，还需要将图形与文字进行组合搭配。图形和文字结合的信息更容易被解读，也更能吸引观众注意力，有利于信息传递，如图5-4所示。

图 5-4

5.1.5 质感营造

在节目包装中，为字体营造合适的质感可以使节目更大气，考虑到观众的年龄、性别、文化程度等差异，字体的质感更应该多样化，如图5-5所示。

图 5-5

5.2 创建字幕素材

字幕是视频常见的元素之一，既可以快速传递信息，又有美化视频的作用，下面介绍在Premiere Pro 2022中创建字幕素材的方法。

5.2.1 新建字幕

在Premiere Pro 2022中，新建字幕的方式有以下两种。

1. 使用"工具"面板新建字幕

在"工具"面板中选择"文字工具" T，并

在"节目监视器"面板中输入想要添加的文字内容，即可新建字幕，之后可以通过"效果控件"面板或"基本图形"面板进行字幕调整，如图5-6所示。

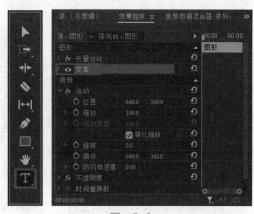

图 5-6

2. 新建旧版标题

执行"文件"|"新建"|"旧版标题"命令，在弹出的"新建字幕"对话框中单击"确定"按钮，然后在"字幕"编辑器面板中添加字幕并对其参数进行设置，如图5-7所示，即可新建字幕。

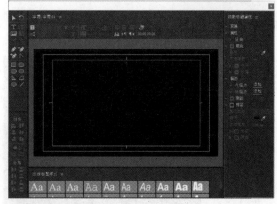

图 5-7

📢提示 新建字幕时，可以设置字幕的"宽""高""纵横比"等参数，一般情况下使用默认设置即可。

5.2.2 添加字幕

创建字幕素材后，在"项目"面板中会出现字幕素材，如图5-8所示。将该素材拖曳至"时间轴"面板，并放置到视频素材的上方，即可完成字幕的添加，或使用"文字工具" T 添加一个字幕，字幕素材将直接出现在"时间轴"面板上，如图5-9所示。

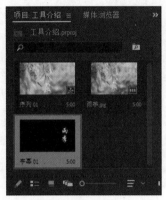

图 5-8

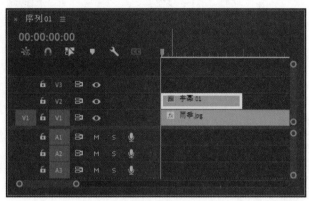

图 5-9

5.3 字幕编辑基础

在Premiere Pro 2022中，除了可以创建基本的横版及竖版文字外，还可以设计许多文字版式，制作出精彩的文字效果。在学习字幕编辑之前，需要先了解字幕编辑的基础知识。

5.3.1 认识"基本图形"面板

在创建字幕时，必须要用到"基本图形"面板。图5-10所示为"基本图形"面板分布图。"基本图形"面板分为"浏览"和"编辑"两个部分，"浏览"用于浏览内置的字幕面板，其中许多模板还包含了动画。"编辑"是对添加到序列中的字幕或序列中的字幕进行修改。

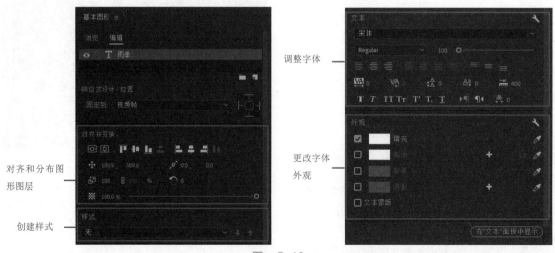

图 5-10

5.3.2　调整字体

可以自由切换为其他字体，如图5-11所示。每个系统载入的字体都是不同的，若想添加更多的字体，可以自行在C盘的Fronts文件夹中安装，如图5-12所示。

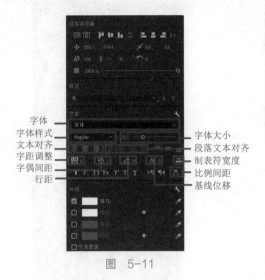

图　5-11

图　5-12

5.3.3　更改字幕外观

"基本图形"面板可以修改文字的字体、位置、缩放、旋转和颜色等，如图5-13所示。在"基本图形"面板中对字幕做出的修改和在"效果控件"面板中"文本"区域对字幕做出的修改效果是相同的。

图　5-13

1. 更改字幕外观

在"基本图形"面板的"外观"区域可以更改字幕外观，增强文字的易读性。

- 填充：为文字确定一个主色，有利于使文字与背景形成对比，保持文字的易读性。

- 描边：为文字外部添加边缘，有利于保持文字在复杂背景上的易读性。

- 阴影：为文字添加阴影。通常选择一个颜色较暗的阴影会使效果更加明显。还可以调整阴影的柔和度，同时也需保证该文字的阴影角度和项目中其他文字的阴影角度一致。

2. 保留自定义样式

将字体、颜色和大小等文本属性定义为样式。使用此功能，可以对"时间轴"面板中不同图形的多个图层快速应用相同的样式。

在编辑文本图层应用"样式"之后，文本会自动继承来自"样式"的所有更改。可以一次性更改多个图层。

要创建样式，可以执行以下操作。

▶01 在"时间轴"面板中选择图形素材，进入"基本图形"面板中的"编辑"选项卡，如图5-14所示。

图 5-14

▶02 选择文本图层，并根据对字体、大小和外观的需要设置样式属性，如图5-15所示。

图 5-15

▶03 获得所需的外观后，在"样式"的下拉列表中选择"创建样式"选项，如图5-16所示。

图 5-16

▶04 在弹出的"新建文本样式"对话框中命名文本样式，然后单击"确定"按钮，如图5-17所示。

图 5-17

▶05 样式将显示在"项目"面板中，并在样式下拉列表中提供。随后，还可对项目中的其他文本图层和图形剪辑应用此样式，如图5-18所示。

图 5-18

5.3.4 形状字幕

使用钢笔、矩形、椭圆和多边形工具可以在Premiere Pro中创建任意形状和路径，还可以从本地导入图形元素。

1. 钢笔工具

在"工具"面板中选择"钢笔工具" ，在"节目监视器"面板中单击多个点，创建形状。每次单击时，在"节目监视器"面板中都会自动添加一个锚点，最后单击第1个锚点即可完成绘制，也可以在每次单击时进行拖曳。在拖曳时Premiere Pro将创建带有贝塞尔手柄的锚点，可以更加精确地控制创建的形状，绘制完成之后可以在"基本图形"面板中修改"外观"，如图5-19所示。

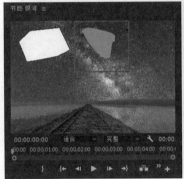

图 5-19

2. 矩形工具

在"工具"面板中选择"矩形工具" ■，创建矩形。在绘制的同时按住Shift键会创建正方形，如图5-20所示。

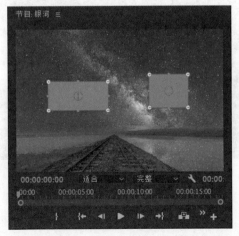

图 5-20

3. 椭圆工具

在"工具"面板中选择"椭圆工具" ●，创建椭圆。在绘制的同时按住Shift键会创建圆形，如图5-21所示。

图 5-21

4. 多边形工具

在"工具"面板中选择"多边形工具" ●，创建三角形。在绘制的同时按住Shift键会创建等边三角形，如图5-22所示。

图 5-22

5.4 字幕动画

在许多综艺、MV或电影中，经常会出现不同类型、不同样式的字幕。电视节目中的字幕，除了一般的静态字幕外，还有动画型字幕，相较于静态字幕，动画型字幕显得更加活泼和生动。下面介绍字幕动画的创建及应用方法。

5.4.1 认识"滚动/游动选项"对话框

在Premiere Pro 2022中，如果要为创建的字幕添加动画效果，可以在"基本图形"面板中，勾选"滚动"复选框，如图5-23所示。

图 5-23

- 启动屏幕外：从屏幕外开始，滚动至屏幕内。
- 结束屏幕外：使指定对象一直滚动到屏幕外。
- 预卷：在滚动开始之前播放的帧数。
- 过卷：在滚动完成之后播放的帧数。
- 缓入：文字滚动速度缓缓增加，直到播放速度期间所经过的帧数。
- 缓出：文字滚动速度缓缓减小，直到滚动完成期间所经过的帧数。
- 播放速度是由时间线上滚动或游动字幕的长度决定的。较短字幕的滚动或游动速度比较长字幕的滚动或游动速度快。

5.4.2 设置动画的基本原理

在Premiere Pro 2022中，可以通过调整文字的位置、缩放和旋转角度等为文字设置动画，文字动画的实现都是基于关键帧的。所谓关键帧，就是对不同时间点的同一对象的同种属性设置不同的属性参数，而时间点之间的变化由软件来完成。

5.5 新功能——语音到文本

在Premiere Pro 2022中新增加的"语音到文本"功能，可以自动生成转录文本并为视频添加字幕，从而提高视频的可访问性和吸引力，同时还能对结果进行完全的创意操控，这包括"基本图形"面板的所有设计功能，"语音到文本"功能具有14 种语言可供世界各地的用户使用，并能提供准确的结果。

"字幕和图形"工作区包含"文本"面板（包括转录文本、字幕和图形选项卡），如图5-24所示。可在"转录文本"选项卡中自动转录视频，然后生成字幕，可在"字幕"选项卡以及"节目"监视器面板中进行编辑，字幕在"时间轴"面板中有独立的轨道，使用"基本图形"面板中的设计工具设置字幕样式。

图 5-24

1. 转录文本

在"文本"面板中单击"转录序列"按钮，弹出"创建转录文本"对话框，如图5-25所示。

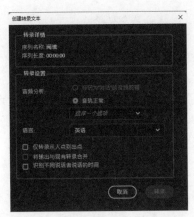

图 5-25

- 音频分析：使用"基本声音"面板选择标记为对话的音频剪辑以进行转录，或从特定音轨中选择音频并转录。
- 语言：选择视频中的语言。
- 下载语言包：Premiere Pro 2022及更高版本附带安装了英文语言包。可以从"语言"下拉列表中选择安装其他语言包。可以在没有互联网连接的情况下使用"语音到文本"功能，且文本转录速度更快。
- 仅转录从入点到出点：已标记入点和出点，则可以指定 Premiere Pro 2022转录该范围内的音频。
- 将输出与现有转录合并：在特定入点和出点之间进行转录时，可以将自动转录文本插入到现有文本中。选择此选项可在现有转录文本和新转录文本之间建立连续性。
- 识别不同说话者说话的时间：如果序列或视频中有多个说话者，请勾选此复选框。

2. 编辑转录中的说话者

在"转录文本"选项卡中单击"未知"按钮，在下拉列表中选择"编辑发言者"选项，弹出"编辑发言者"对话框，如图5-26所示。

图 5-26

- 搜索：可以在多个说话者中，快速找到需要的说话者。
- 重命名：可以命名说话者名称。
- 添加发言者：如果没有识别到发言者，可以手动添加发言者。

3. 查找和替换转录中的文本

▶01 在搜索文本字段中输入搜索词。Premiere Pro会突出显示搜索词在转录文本中的所有文本。

▶02 使用向上和向下箭头浏览搜索词的所有文本，如图5-27所示。

图 5-27

▶03 单击"替换图标"按钮并输入替换文本，如图5-28所示。

图 5-28

▶04 要替换搜索词的选定文本，单击"替换"按钮。要替换搜索词的所有文本，单击"全部替换"按钮，如图5-29所示。

图 5-29

提示　　双击文本框，可编辑全部文本内容。

4. 其他转录选项

还有其他选项可用于处理转录文本。在"文本"面板"转录文本"选项卡中单击"更多"图标▦，如图5-30所示。

图 5-30

- **重新转录序列**：更改编辑。
- **导出转录文本**：可以创建一个 .prtranscript 文件，该文件可以在"转录文本"面板中选择"导入转录文本"选项打开。
- **导入转录文本**：进行最终编辑并且转录已由其他用户生成。
- **显示暂停为[...]**：将停顿显示为省略号，以便转录文本显示对话中存在空白的位置。
- **导出到文本文件**：创建 .txt 文件以进行校对，与客户共享或为视频创建文字内容。
- **禁用自动滚动**：在时间轴中拖动或播放序列时，"文本"面板中的一部分转录内容可见。

5. 生成字幕

完成调整转录文本之后，可将其转换为时间轴上的字幕。在"转录文本"选项卡中选择"创建说明性字幕"选项，弹出"创建字幕"对话框，如图5-31所示。

图 5-31

- **从序列转录文本创建**：使用序列转录文本创建字幕。
- **创建空白轨道**：手动添加字幕或将现有.srt文件导入"时间轴"面板。
- **字幕预设**：默认字幕选项适用于大多数用例。
- **格式**：视频设置的字幕格式类型。
- **流**：一些字幕格式（例如 Teletext）。
- **样式**：保存任何字幕样式。
- **字幕的长度、持续时间和间隔**：设置每行字幕文本的最大字符数和最短持续时间，指定字幕之间的间隔。
- **行**：选择字幕的行数。

完成调整后，单击"创建"按钮，Premiere Pro 会创建字幕并将其添加到"时间轴"面板的字幕轨道中，与视频中的对话节奏保持一致，如图5-32所示。

图 5-32

提示　　还可以在"字幕"选项卡中（位于文本窗口）查看所有字幕。可以继续编辑字幕文本、查找和替换文本，以及通过单击字幕选项卡中的字词或直接在"节目"监视器面板中导航视频的特定部分。

5.6 应用案例：音乐节目字幕包装

在一些音乐类节目中，卡拉OK式歌词字幕出现的频率较高。卡拉OK式歌词字幕，指的是在歌词上方添加一层颜色蒙版，并根据歌词节奏逐个呈现。

▶01 启动Premiere Pro 2022软件，新建项目，新建序列。

▶02 执行"文件"|"导入"命令，弹出"导入"对话框，选择要导入的素材，单击"打开"按钮，如图5-33所示。

▶03 在"项目"面板中选择"背景音乐.Mp3"素材，按住鼠标左键将其拖曳至"时间轴"面板，释放鼠标左键，根据歌词添加标记，便于后续添加歌词字幕，如图5-34所示。

图 5-33　　　　　　　　　　　图 5-34

▶04 依次将"油菜花海.mp4""花海.mp4""阳光.mp4""荡秋千.mp4""书本.mp4"素材拖曳至"时间轴"面板，根据标记设置素材长度与速度，如图5-35所示。

▶05 在"项目"面板底部单击"新建项目"按钮，在弹出的菜单中执行"调整图层"命令，并拖曳至"时间轴"面板V2轨道上，与背景音乐素材结尾对齐，如图5-36所示。

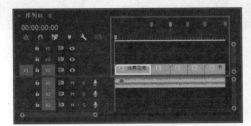

图 5-35　　　　　　　　　　　图 5-36

▶06 在"效果"面板中展开"视频效果"|"变换"文件夹，将"裁剪"效果拖曳至"调整图层"素材上方，在"效果控件"面板中，将"裁剪"属性中的"底部"数值设置为15%，如图5-37所示。

图 5-37

▶07 在"工具"面板中选择"文字工具" ▮，在"节目监视器"面板中单击并输入歌词，在"时间轴"面板中选择字幕素材，并按住Alt键向上复制一层，如图5-38所示。

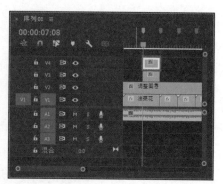

图 5-38

▶08 选中V4轨道上的字幕素材，在"基本图形"面板中，展开"外观"属性，将"填充"颜色改为蓝色，勾选"描边"复选框，并设置数值为5，如图5-39所示。

▶09 在"效果"面板中展开"视频效果" | "过渡"文件夹，将"线性擦除"效果拖曳至V4轨道上的字幕素材上方，如图5-40所示。

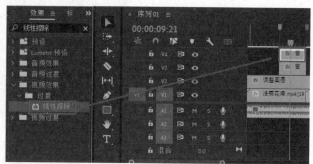

图 5-39　　　　　　　　　　　　图 5-40

▶10 进入"效果控件"面板，设置"擦除角度"数值为-90°，将时间线移动到（00:00:07:08）位置，为"线性擦除"属性中的"过渡完成"参数添加一个关键帧，调整"过渡完成"数值为89%，将时间线移动到（00:00:10:07）位置，调整"过渡完成"数值为64%，时间线移动到（00:00:10:14）位置，调整"过渡完成"数值为34%，时间线移动到（00:00:13:15）位置，调整"过渡完成"数值为0%，如图5-41和图5-42所示。

图 5-41　　　　　　　　　　　　图 5-42

▶11 后面素材根据背景音乐歌词为"过渡完成"添加关键帧，调整数值，如图5-43所示。

在"工具"面板中选择"椭圆工具" ■，在"节目监视器"面板中绘制三个圆形，如图5-44所示。

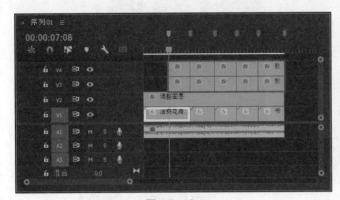

图 5-43   图 5-44

 长按"矩形工具"，在弹出的快捷菜单中有椭圆工具和多边形工具。

▶12 选择V5轨道上的图形素材，按住Alt键向上复制一层，在"基本图形"面板中设置"外观"参数，并添加"线性擦除"效果，设置"擦除角度"数值为-90°，将时间线移动到起始处，为"线性擦除"属性中的"过渡完成"选项添加一个关键帧，调整"过渡完成"数值为100%，时间线移动到（00:00:07:08）位置，调整"过渡完成"数值为87%，如图5-45所示。

图 5-45

▶13 按Enter键渲染项目，渲染完成后可预览视频效果，如图5-46所示。

图 5-46

5.7 应用案例：综艺节目包装

本案例介绍街头采访类节目的包装方法，主要利用图形动画元素，实现风格与色调的统一。

1. 背景制作

背景部分采用MG动画视频，具体操作方法如下。

▶01 启动Premiere Pro 2022软件，新建项目，新建序列。

▶02 执行"文件"|"导入"命令，弹出"导入"对话框，选择要导入的素材，单击"打开"按钮，如图5-47所示。

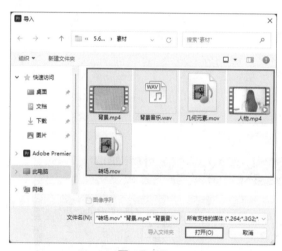

图 5-47

▶03 在"项目"面板中选择"背景.mp4"素材，将其拖曳至"时间轴"面板，如图5-48所示。

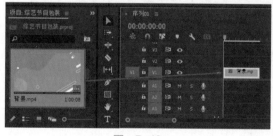

图 5-48

▶04 选择"背景.mp4"素材，右击，在弹出的快捷菜单中执行"速度/持续时间"命令，如图5-49所示。在弹出"剪辑速度/持续时间"对话框中设置"持续时间"为7秒6帧，单击"确定"按钮，

如图5-50所示。

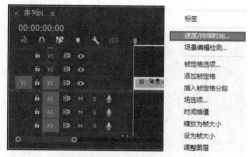

图 5-49

图 5-50

▶05 背景制作完毕，画面效果如图5-51所示。

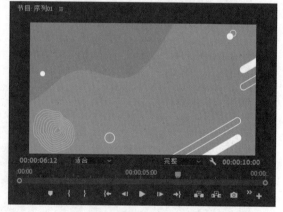

图 5-51

2. 添加视频

背景制作完成后，即可添加主体视频，并为其添加动画效果，具体操作方法如下。

▶01 在"项目"面板中将"人物.mp4"素材拖曳至"时间轴"面板，如图5-52所示。此时在"节目监视器"面板中对应的画面效果如图5-53所示。

图 5-52

图 5-53

▶02 选择"人物.mp4"素材，进入"效果控件"面板，将时间线移动到（00:00:00:09）位置，为"缩放"和"旋转"属性添加关键帧，如图5-54所示。

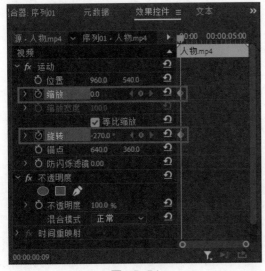

图 5-54

▶03 将时间线移动到（00:00:01:04）位置，继续为"缩放"和"旋转"添加关键帧，如图5-55所示。

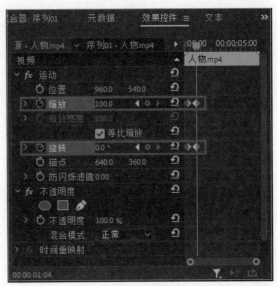

图 5-55

▶04 此时在"节目监视器"面板中对应的画面效果如图5-56所示。

图 5-56

3. 添加图形

图形的添加会使画面内容更加丰富。下面介绍添加图形的具体操作。

▶01 在"工具"面板中选择"矩形工具"■，在"节目监视器"面板中绘制一个矩形边框，在"工具"面板中选择"椭圆工具"●，在"节目监视器"面板中绘制一个圆形，如图5-57所示。

图 5-57

 添加椭圆图形的快捷键为Ctrl+Alt+E。

▶02 在"时间轴"面板中选择V3轨道上的素材，进入"基本图形"面板选择"形状02"，展开"外观"属性，更改"描边"和"填充"颜色，并设置描边尺寸，如图5-58所示。此时在"节目监视器"面板中对应的画面效果如图5-59所示。

图 5-58

图 5-59

▶03 选择"图形"素材，进入"效果控件"面板选择"形状01"，展开"变换"属性，将时间线移动到（00:00:00:09）位置，为"缩放"和"旋转"添加关键帧，调整"缩放"属性值为0，"旋转"属性值为-270，，移动时间线至（00:00:01:04）位置，更改"缩放"属性值为100，"旋转"属性值为0，如图5-60所示。

▶04 选择"形状02"，展开"变换"属性，将时间线移动到（00:00:01:02）位置，为"缩放"添加关键帧，调整"缩放"属性值为0，移动时间线至（00:00:01:17）位置，更改"缩放"属性值为140，如图5-61所示。

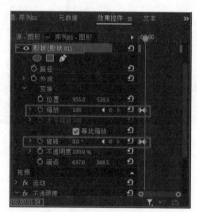

图 5-60

图 5-61

▶05 在"效果控件"面板中，选择"形状"属性，按快捷键Ctrl+C进行复制，然后按快捷键Ctrl+V进行粘贴，即可得到属性相同的新图形，如图5-62所示。其他参数不做更改，只调整复制图形对象的位置，此时在"节目监视器"面板中对应的画面效果如图5-63所示。

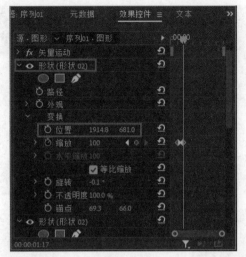

图 5-62

图 5-63

4. 添加图片

将图片素材添加到剪辑项目中，可以再为其添加动画效果，具体操作如下。

▶**01** 在"项目"面板中将"几何元素.mov"素材拖曳至"时间轴"面板，如图5-64所示。此时在"节目监视器"面板中对应的画面效果如图5-65所示。

图 5-64

图 5-65

▶**02** 在"时间轴"面板中选择"几何元素.mov"素材，进入"效果控件"面板，展开"不透明度"属性，使用矩形工具绘制蒙版，勾选"已反转"复选框，将"混合模式"设置为"颜色减淡"，如图5-66和图5-67所示。

图 5-66

图 5-67

▶**03** 在"效果控件"面板中，将时间线移动到（00:00:00:00）位置，为"不透明度"和"缩放"属性添加关键帧，如图5-68所示。

图 5-68

▶**04** 将时间线移动到（00:00:02:00）位置，为"不透明度"和"缩放"属性添加关键帧，如图5-69所示。

图 5-69

▶**05** 在"项目"面板中将"转场.mov"素材拖曳至"时间轴"面板，并调整为合适长度，如图5-70所示。

图 5-70

▶**06** 完成上述操作后，在"节目监视器"面板中对应的画面效果如图5-71所示。

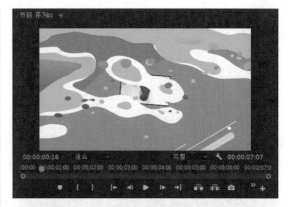

图 5-71

5. 添加字体

添加字体可以丰富画面。下面介绍添加字体的具体操作。

▶**01** 在"工具"面板中选择"矩形工具" ▮，在"节目监视器"面板中绘制一个矩形，如图5-72所示。

图 5-72

 提示 添加矩形的快捷键为Ctrl+Alt+R。

02 选择绘制的矩形，进入"效果控件"面板，更改填充颜色和描边尺寸，并将矩形移动到合适位置，如图5-73所示，此时在"节目监视器"面板中对应的画面效果如图5-74所示。

图 5-73

图 5-74

03 在"工具"面板中选择"文字工具"**T**，在矩形上方输入文字，如图5-75所示。

图 5-75

04 进入"效果控件"面板，将时间线移动到（00:00:01:06）位置，为"缩放"和"旋转"属性添加关键帧，如图5-76所示。

图 5-76

05 移动时间线到（00:00:02:02）位置，为"缩放"和"旋转"属性添加关键帧，如图5-77所示。

图 5-77

06 接下来要让图形动画产生回弹效果。在"效果控件"面板中，将时间线移动到（00:00:02:10）位置，继续为"缩放"属性添加一个关键帧，并将数值设置为83，如图5-78所示。将时间线移动到（00:00:02:0）位置，将"缩放"设置为100，如图5-79所示。

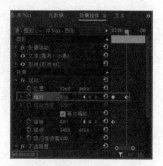

图 5-78

图 5-79

6. 背景音乐

下面为影片添加合适的背景音乐，强化影片氛围，具体操作如下。

▶01 在"项目"面板中将"背景音乐.wav"素材拖曳至"时间轴"面板，并调整为合适长度，如图5-80所示。

图 5-80

▶02 在"效果"面板中依次展开"视频过渡"|"溶解"文件夹，将"黑场过渡"效果拖曳至视频及图像素材的尾部，如图5-81所示。

图 5-81

▶03 在"效果"面板中依次展开"音频过渡"|"交叉淡化"文件夹，将"恒定增益"效果拖曳至"背景音乐.mp3"素材的尾部，如图5-82所示。

图 5-82

▶04 按Enter键渲染项目，渲染完成后可预览视频效果，如图5-83所示。

图 5-83

5.8 拓展练习：音乐节目字幕包装

科技类节目的包装，主要用到轨道遮罩功能，同时会用粒子素材制作文字消散效果，使整个画面炫酷。

打开文件夹将素材导入，如图5-84所示。将"背景.mp""背景2.mp4""流光.mov""光线.mov""转场.mp4"素材拖曳到"时间轴"面板，并调整为合适长度，V2和V3轨道上的素材，在"效果控件"面板中设置"混合模式"为"滤色"，如图5-85所示。

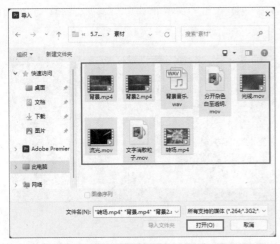

图 5-84

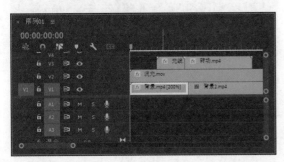

图 5-85

在"工具"面板中选择"文字工具"[T]，在"节目监视器"面板中单击并输入文本，为"缩放"添加关键帧，如图5-86和图5-87所示。

图 5-86

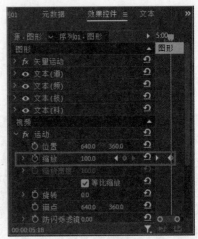

图 5-87

在"项目"面板中将"黑白渐变素材.mov"拖曳至"时间轴"面板，并调整长度，在"效果"面板中搜索"轨道遮罩键"效果，并拖曳到V4轨道上的字幕素材上方，并且调节参数，如图5-88所示。

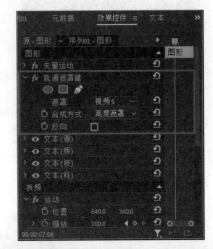

图 5-88

将"文字消散粒子.mov"素材拖曳到"时间轴"面板，将"混合模式"改为"滤色"，按住Alt复制两次，框选三个素材右击，在弹出的快捷菜单中执行"嵌套"命令，并为"不透明度"设置关键帧，如图5-89和图5-90所示。

益"效果拖曳到"背景音乐.wav"素材结尾处，如图5-92所示。

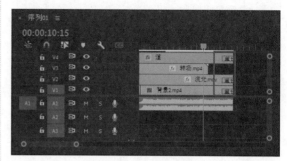

图 5-91

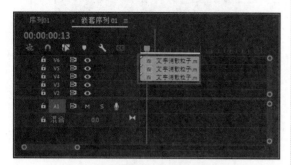

图 5-89

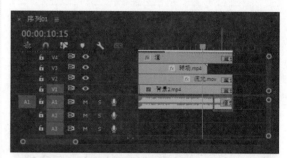

图 5-92

图 5-90

将"背景音乐.mav"素材拖曳到"时间轴"面板中，并调整长度，在"效果控件"面板中搜索"黑场过渡"效果，并拖曳到V1、V2、V4轨道上的素材结尾处，如图5-91所示，搜索"恒定增

渲染后的效果图如图5-93所示。

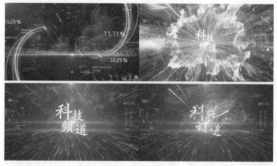

图 5-93

第6章 趣味动画——运动效果与关键帧的应用

运动效果和关键帧是两个紧密相连的属性，通过为素材添加不同时刻的属性关键帧，可以使画面产生不一样的运动效果。本章讲解Premiere Pro 2022中运动效果与关键帧的具体应用。

6.1 动画概述

视频中的动画不同于一般意义上的动画片，是一种综合艺术，是集绘画、电影、数字媒体、摄影、音乐、文学于一体的艺术表现形式。

6.1.1 动画风格

在制作动画之前，首先需要确立动画的风格。动画有不同的分类标准，按照工艺技术可以分为平面手绘动画、立体拍摄动画、虚拟生成动画、真人结合动画等；按照传播媒介可以分为影院动画、电视动画、广告动画、科教动画等；按照动画性质可以分为商业动画和实验动画等，如图6-1所示。

图 6-1

6.1.2 表现手法

动画的表现手法多种多样。随着时代的进步和科技的发展，动画由无声变为有声，由黑白变为彩色，如图6-2所示。

图 6-2

6.2 运动效果的应用

为对象添加运动效果之前，需要先了解运动效果的基本概念，进而更好地运用效果。

6.2.1 运动效果的概念

运动效果是指随着时间的变化，对象的位置、大小、旋转角度等属性不断地变化而产生的动画效果。

6.2.2 添加运动效果

在Premiere Pro 2022中，可以为轨道中的素材创建位置、缩放、旋转等基本运动效果。选择"时间轴"面板中的素材后，展开"效果控件"

面板中的"运动"选项，可以看到该素材的基本运动参数，如图6-3所示。

同的运动属性，使视频播放时产生基本的动画变换效果。

6.3.1 创建关键帧

在Premiere Pro 2022中创建关键帧的方法主要有以下3种。

1. 单击"切换动画"按钮创建关键帧

在"效果控件"面板中，每个运动属性前都有"切换动画"按钮，单击该按钮，即可为相应属性创建关键帧，按钮也会从灰色变为蓝色。若再次单击该按钮，则会自动关闭该属性的关键帧，按钮变回灰色。需要注意的是，要在同一个属性当中至少添加两个关键帧，画面才能产生动画效果。

01 启动Premiere Pro 2022软件，将素材拖曳至"时间轴"面板，如图6-4所示。

02 在"时间轴"面板中选择素材，然后选择"效果控件"中需要调整的属性，将时间线滑动到合适的位置，这里以"旋转"属性为例，单击"旋转"属性的"切换动画"按钮，即可创建第一个关键帧，如图6-5所示。

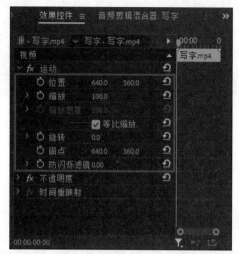

图 6-3

6.3 关键帧的创建与编辑

通过关键帧，可以在不同时刻为素材设置不

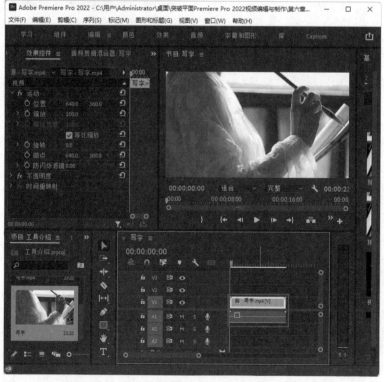

图 6-4

图 6-5

▶03 完成第一个关键帧的创建后，移动时间线到下一个时间点，单击"添加/删除关键帧"按钮，创建第二个关键帧，并调整"旋转"关键帧的参数，如图6-6所示。完成操作后，可在"节目监视器"面板中查看动画效果，如图6-7所示。

图 6-6

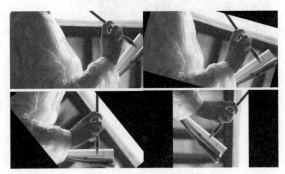

图 6-7

2. 单击"添加/移除关键帧"按钮创建关键帧

单击属性的"切换动画"按钮，创建第一个关键帧，将关键帧属性激活，如图6-8所示。此时，在属性右侧会显示"添加/移除关键帧"按钮。将时间线移动到第二个需要添加关键帧的时间点，单击"添加/移除关键帧"按钮，并根据需要更改参数，如图6-9所示，即可完成关键帧的添加。

图 6-8

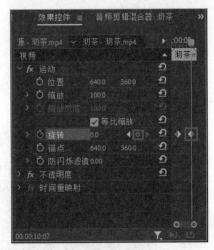

图 6-9

3. 在"节目监视器"面板中创建关键帧

单击属性的"切换动画"按钮，将关键帧属性激活，然后创建第一个关键帧，如图6-10所示。然后移动时间线，在"节目监视器"面板中选中素材，此时在素材周围将出现控制点，如图6-11所示。

图 6-10　　　　　　　　　　图 6-11

将光标放置到控制点旁，对素材进行旋转操作，如图6-12所示。完成旋转操作后，在"效果控件"面板中将自动创建一个关键帧，如图6-13所示。

图 6-12　　　　　　　　　　图 6-13

6.3.2　删除关键帧

在Premiere Pro 2022中删除关键帧的方式主要有以下3种。

1. 使用快捷键删除关键帧

在"效果控件"面板中选择需要删除的关键帧，按Delete键即可将选中的关键帧删除，如图6-14和图6-15所示。

图 6-14　　　　　　　　　　图 6-15

2. 单击"添加/移除关键帧"按钮删除关键帧

在"效果控件"面板中将时间线移动到需要删除的关键帧位置，然后单击"添加/移除关键帧"按钮，即可删除关键帧，如图6-16和图6-17所示。

图 6-16

图 6-17

3. 在快捷菜单中删除关键帧

在"效果控件"面板中选中需要删除的关键帧并右击,在弹出的快捷菜单中执行"清除"命令,即可删除关键帧,如图6-18和图6-19所示。

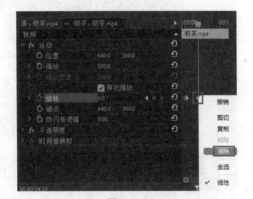

图 6-18

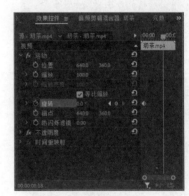

图 6-19

6.3.3 选择关键帧

在"效果控件"面板中,单击任意一个关键帧,即可选中此关键帧。如果需要同时选择多个关键帧,按住鼠标左键拖曳,将需要选择的关键帧框选即可。如果需要选择两个不相邻的关键帧,可以按住Ctrl键或Shift键,再依次单击关键帧。图6-20所示为3种选择关键帧的方法示意图。

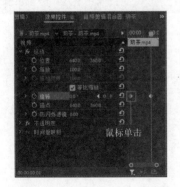

图 6-20

6.3.4 移动关键帧

下面介绍移动单个关键帧或多个关键帧的方法。

1. 移动单个关键帧

在"效果控件"面板中找到需要移动的关键帧,选择"工具"面板中的"选择工具"▶,拖动需要移动的关键帧至合适时间点后释放鼠标左键即可,如图6-21所示。

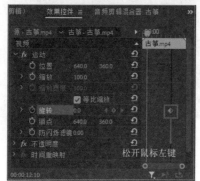

图 6-21

2. 移动多个关键帧

在"工具"面板中选择"选择工具"▶,接着框选需要移动的多个关键帧,左右拖曳即可完成移动操作,如图6-22所示。

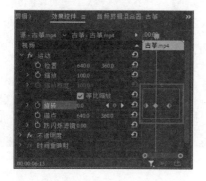

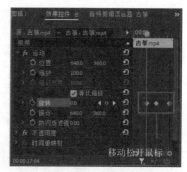

图 6-22

如果需要选中两个不相邻的关键帧,可以按住Ctrl键或Shift键,选中多个需要移动的关键帧进行拖动即可,如图6-23所示。

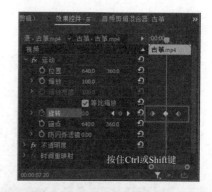

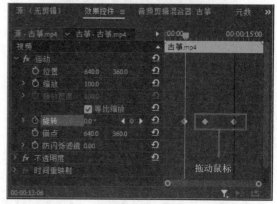

图 6-23

6.3.5 复制关键帧

在Premiere Pro 2022中,复制关键帧的方法主要有以下3种。

1. 使用快捷键复制

使用快捷键是复制关键帧的常用手法。在"效果控件"面板中选中需要进行复制的关键

帧，然后按快捷键Ctrl+C复制。接着，将时间线移
动到新的时间点，按快捷键Ctrl+V粘贴关键帧，
如图6-24所示。

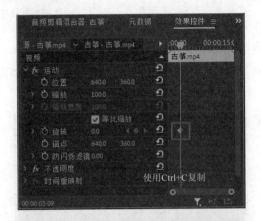

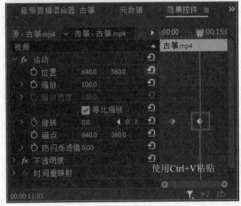

图　6-24

2. 使用Alt键复制

在"效果控件"面板中选中需要进行复制的
关键帧，然后按住Alt键，将关键帧往左或往右拖
曳，即可复制关键帧，如图6-25所示。

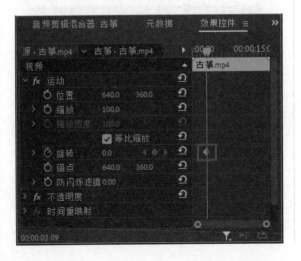

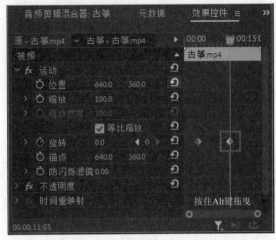

图　6-25

3. 在快捷菜单中复制

在"效果控件"面板中右击需要复制的关键
帧，在弹出的快捷菜单中执行"复制"命令，如图
6-26所示。接着，将时间线移动到新的时间点，在
空白处右击，在弹出的快捷菜单中执行"粘贴"命
令，如图6-27所示，即可完成关键帧的复制。

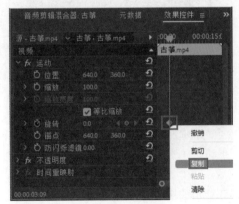

图　6-26

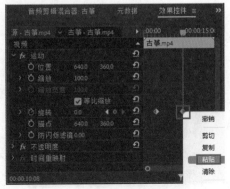

图　6-27

6.3.6 关键帧插值

插值是在两个已知值之间填充未知数据的过程。关键帧插值可以控制关键帧的速度变化，系统默认使用的是线性插值法。如果要更改插值方式，可以选择关键帧后右击，在弹出的快捷菜单中执行相应的命令进行更改。

1. 线性

"线性"插值是系统默认的插值方法，用于创建关键帧之间的匀速变化。创建关键帧后，在"效果控件"面板中选中关键帧后右击，在弹出的快捷菜单中执行"线性"命令，此时的效果线条为平行线，运动效果是趋于匀速和平缓的，如图6-28所示。

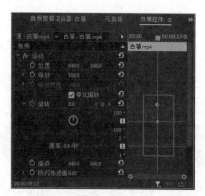

图 6-28

2. 贝塞尔曲线

"贝塞尔曲线"插值可以在关键帧的其中一侧，手动调整线条曲线的形状及变化速率。创建关键帧后，在"效果控件"面板中选中关键帧后右击，在弹出的快捷菜单中执行"贝塞尔曲线"命令，关键帧样式变为沙漏形态。通过调节曲线上的控制柄，可以调整动画效果，如图6-29所示。

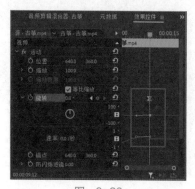

图 6-29

3. 自动贝塞尔曲线

"自动贝塞尔曲线"插值用于调整关键帧的平滑变化速率。创建关键帧后，在"效果控件"面板中选中关键帧后右击，在弹出的快捷菜单中执行"自动贝塞尔曲线"命令，关键帧样式变为圆形形态。在曲线节点的两侧会出现两个没有控制柄的控制点，直接拖动控制点即可将自动曲线转换为弯曲的贝塞尔曲线，如图6-30所示。

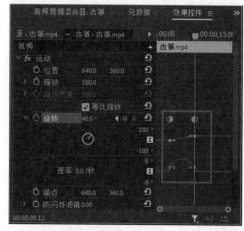

图 6-30

4. 连续贝塞尔曲线

"连续贝塞尔曲线"插值用于创建关键帧的平滑变化速率。创建关键帧后，在"效果控件"面板中选中关键帧后右击，在弹出的快捷菜单中执行"连续贝塞尔曲线"命令，关键帧样式变为沙漏形态。在"效果控件"面板中，可以通过拖动控制柄来改变两侧曲线的弯曲程度，从而改变动画效果，如图6-31所示。

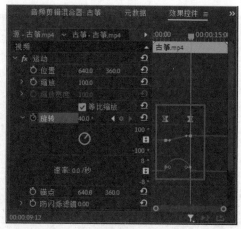

图 6-31

5. 定格

"定格"插值用于更改属性值且不产生渐变过渡。创建关键帧后，在"效果控件"面板中选中关键帧后右击，在弹出的快捷菜单中执行"定格"命令，关键帧样式变为箭头形态 ◀。两个速率曲线节点将根据节点的运动状态自动调节速率曲线的弯曲程度，当动画播放到该关键帧位置时，将保持前一关键帧的画面效果，如图6-32所示。

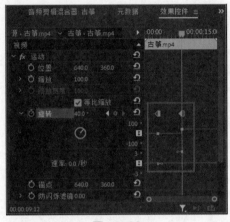

图　6-32

6. 缓入

"缓入"插值用于减慢进入关键帧时值的变化速度。创建关键帧后，在"效果控件"面板中选中关键帧后右击，在弹出的快捷菜单中执行"缓入"命令，关键帧样式变为沙漏形态 ▙。当移动时间线播放动画时，动画在进入该关键帧时，速度逐渐减缓，可以消除因速度波动大而产生的画面不稳定感，如图6-33所示。

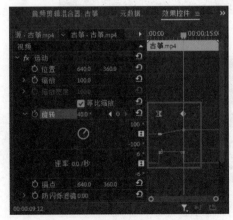

图　6-33

7. 缓出

"缓出"插值用于逐渐加快离开关键帧时值的变化速度。创建关键帧后，在"效果控件"面板中选中关键帧后右击，在弹出的快捷菜单中执行"缓出"命令，关键帧样式变为沙漏形态 ▙。当播放动画时，可以使动画在离开关键帧时速率减缓，同样可消除因速度波动大而产生的画面不稳定感，如图6-34所示。

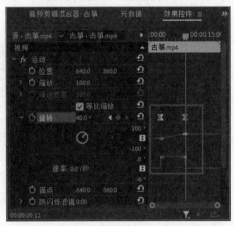

图　6-34

6.4　运动的创建

在Premiere Pro 2022中，运动的创建主要是在"效果控件"面板中进行的，下面介绍几种常用运动属性动画的创建方法。

6.4.1　位置

"位置"属性用于制作素材的位移动画，可以通过调整素材的坐标来控制素材在画面中的位置。更改"位置"属性右侧的第一个数值，可以使画面进行左右移动。将数值缩小，画面会向左边移动，如图6-35所示，将数值放大，画面会向右边移动，如图6-36所示。

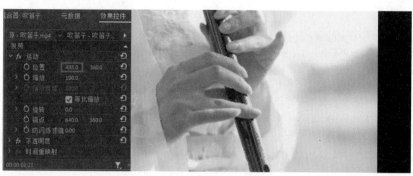

图 6-35

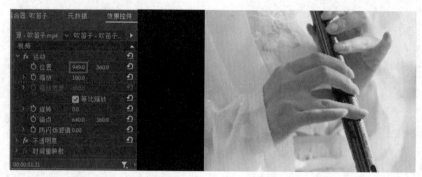

图 6-36

更改"位置"属性右侧的第二个数值，可以使画面进行上下移动。将数值缩小，画面会向上移动，如图6-37所示，将数值放大，画面会向下移动，如图6-38所示。

图 6-37

图 6-38

6.4.2　缩放

　　"缩放"属性用于控制素材的尺寸大小，可以更改素材的高度和宽度，如图6-39和图6-40所示。如果对素材的高度和宽度进行等比缩放，可以在"效果控件"面板中勾选"等比缩放"复选框，如图6-41和图6-42所示。

图　6-39

图　6-40

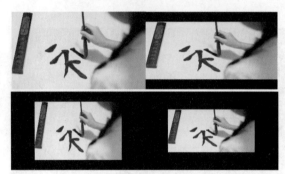

图　6-41

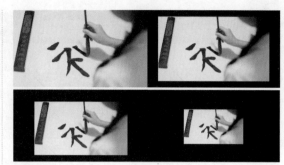

图　6-42

6.4.3　旋转

　　"旋转"属性用于设置素材在画面中的旋转角度，更改该属性的数值，可以调整素材的角度，图6-43所示为分别调整素材"旋转"数值为0°、60°、90°、135°时的画面效果

图　6-43

6.4.4　锚点

　　锚点即素材的轴心点，如图6-44所示，素材的位置、旋转和缩放运动都是基于锚点来完成的。

图　6-44

6.5 运动实例：缩放效果的应用

"缩放"效果可以将素材进行放大或缩小。"缩放"效果是通过设置"效果控件"面板中的"缩放"属性来实现的。原始素材的尺寸为100，小于100时，对素材进行缩小处理，大于100时，对素材进行放大处理，下面介绍缩放效果应用的一般操作步骤。

▶**01** 启动Premiere Pro 2022软件，新建项目，新建序列，然后执行"文件"|"导入"命令，将素材导入"项目"面板，如图6-45所示。

▶**02** 将素材拖曳至"时间轴"面板，"节目监视器"面板中将显示素材画面，如图6-46所示。

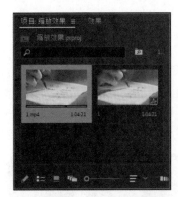

图 6-45

图 6-46

在"效果控件"面板中将时间线移动到开始位置，并单击"缩放"属性的"切换动画"按钮，为其设置第一个关键帧，如图6-47所示。

▶**03** 把时间线继续移动到合适的位置，在"效果控件"面板中改变"缩放"属性，此时系统会自动记录第二个关键帧，画面也将缩小，如图6-48所示。

如果需要继续添加关键帧，可以按照上述同样的方式进行添加。按Enter键对运动效果进行渲染，可以在"节目监视器"面板中预览缩放效果的最终画面。

图 6-47

图 6-48

6.6　运动实例：不透明度效果的应用

"不透明度"效果可以通过改变一段素材的透明度，使其产生淡入或淡出的运动效果。在Premiere Pro 2022中，该效果通过设置"效果控件"面板中的"不透明度"属性实现。下面介绍"不透明度"效果应用的操作步骤。

▶01 打开Premiere Pro 2022软件，新建项目，新建序列，然后执行"文件"|"导入"命令，将素材导入"项目"面板，如图6-49所示。

▶02 将素材拖曳至"时间轴"面板，并在"节目监视器"面板中打开，如图6-50所示。

图　6-49

图　6-50

▶03 在"效果控件"面板中将时间线移动到开始位置，展开"不透明度"属性，并单击"不透明度"属性的"切换动画"按钮，为其设置第一个关键帧，如图6-51所示。

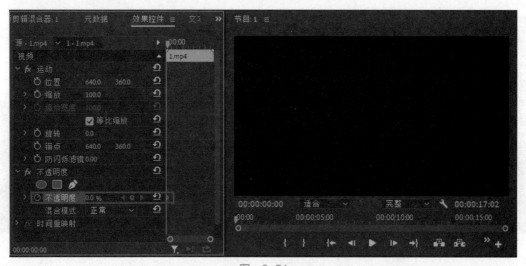

图　6-51

▶04 把时间线继续移动到合适的位置，在"效果控件"面板中改变"不透明度"属性，此时系统会自动记录第二个关键帧，画面将以淡入的运动效果呈现，如图6-52所示。

图 6-52

6.7 应用案例：进度条加载动画

进度条加载动画是指进度条根据数值同步增加。本案例利用"时间码"和"Alpha发光"等效果制作一款简单的进度条加载动画，具体操作步骤如下。

▶01 启动Premiere Pro 2022软件，新建项目，新建序列。

▶02 在"项目"面板中右击，在弹出的快捷菜单中执行"新建项目"|"透明视频"命令，如图6-53所示。

▶03 将"透明视频"拖曳至"时间轴"面板，接着在"效果"面板中依次展开"视频效果"|"过时"文件夹，将"时间码"效果拖曳至素材上方，如图6-54所示。

图 6-53

图 6-54

▶04 进入"效果控件"面板，取消勾选"场符号"复选框，将"格式"设置为"帧"，将"时间码源"改为"生成"，如图6-55所示。

▶05 选择"透明视频"素材并右击，在弹出的快捷菜单中执行"速度/持续时间"命令，如图6-56所示。

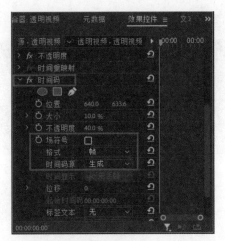

图 6-55

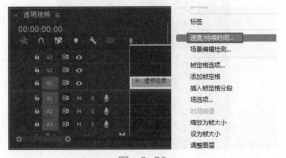

图 6-56

▶06 弹出"剪辑速度/持续时间"对话框，将"持续时间"更改为（00:00:05:00），如图6-57所示，即可将"透明视频"素材调整到100帧。

图 6-57

▶07 选择"透明视频"素材并右击，在弹出的快捷菜单中执行"嵌套"命令，如图6-58所示，这样做可以在不更改帧数的情况下调整素材的播放速度。

图 6-58

▶08 添加倒计时效果后，在"工具"面板中选择"矩形工具"▢，在"节目"监视器面板中单击并绘制一个矩形，为其填充白色，如图6-59所示。

图 6-59

▶09 在"时间轴"面板中选择V2轨道上的"图形"素材，然后按住Alt键复制一层，如图6-60所示。

图 6-60

▶10 选择V3轨道上的"图形"素材，进入"基本图形"面板，取消勾选"填充"复选框，并勾选

"描边"复选框，对其相关属性进行调整，如图
6-61所示。

图 6-61

▶**11** 在"效果"面板中依次展开"视频过
渡"|"擦除"文件夹，将"划出"效果拖曳至V2
轨道上的"图形"素材上方，并调整素材持续时
间为（00:00:03:00），如图6-62所示。

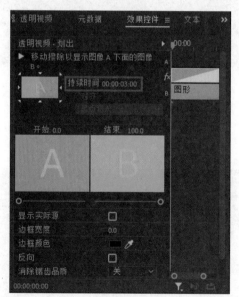

图 6-62

▶**12** 在"效果"面板中依次展开"视频效
果"|"风格化"文件夹，将"Alpha发光"效果
拖曳至复制的V3轨道上的"图形"素材上方，如

图6-63所示。

图 6-63

▶**13** 进入"效果控件"面板，更改"Alpha发光"
效果的"起始颜色"和"结束颜色"，如图6-64
所示。

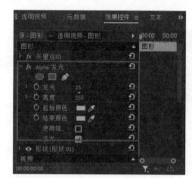

图 6-64

▶**14** 执行"文件"|"导入"命令，弹出"导入"
对话框，选择相关素材中的"背景音乐.wav"素
材，单击"打开"按钮，如图6-65所示。

图 6-65

▶**15** 将"项目"面板中的"背景音乐.wav"素材
拖曳至"时间轴"面板，并调整素材长度，使其
与画面素材长度保持一致，如图6-66所示。

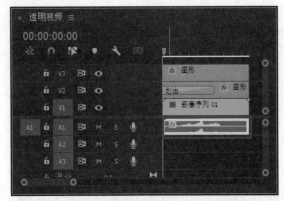

图 6-66

▶16 按Enter键渲染项目，渲染完成后可预览视频效果，如图6-67所示。

图 6-67

6.8 应用案例：人物定格动画

定格动画就是将对象的某一帧进行定格，并使对象逐渐放大。在此过程中，主体对象旁边的物体不会发生变化，具体操作方法如下。

▶01 启动Premiere Pro 2022软件，新建项目，新建序列。

▶02 执行"文件"|"导入"命令，弹出"导入"对话框，选择要导入的素材，单击"打开"按钮，如图6-68所示。

▶03 在"项目"面板中选择"古风少女.mp4"素材，将其拖曳至"节目监视器"面板，如图6-69所示。

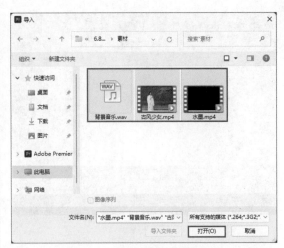

图 6-68

图 6-69

▶04 将时间线移动到（00:00:02:15）位置，右击，在弹出的快捷菜单中执行"添加帧定格"命令，如图6-70所示。完成操作后，后面的内容将被定格成当前帧。

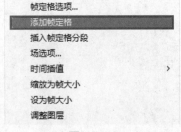

图 6-70

▶05 选择被定格的部分，按住Alt键复制一层，放入V2轨道，然后选择"钢笔工具" ，在画面中将人物部分抠出来，如图6-71所示。

图 6-71

▶06 选择复制得到的"古风少女.mp4"素材,右击,在弹出的快捷菜单中执行"嵌套"命令,如图6-72所示。

图 6-72

▶07 选择"嵌套序列01"素材,进入"效果控件"面板,将时间线移动到(00:00:08:00)位置,设置"位置"数值为(960:540),"缩放"数值为100,将时间线移动到(00:00:10:00)位置,将"位置"更改为(1044:540),"缩放"更改为111,如图6-73所示。

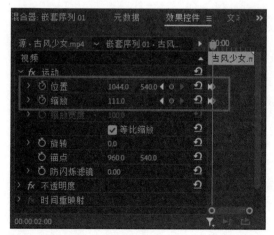

图 6-73

▶08 选择V1轨道上的"01.mp4"素材,在"效果"面板中依次展开"视频效果"|"图像控制"文件夹,将"黑白"效果拖曳至该素材上方,如图6-74所示。

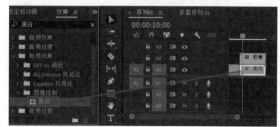

图 6-74

▶09 在"效果"面板中展开"视频效果"|"过时"文件夹,将"径向阴影"效果拖曳至V2轨道上的"嵌套序列01"素材上方,此时对应的"节目"监视器画面如图6-75所示。

图 6-75

▶10 进入"效果控件"面板,调整"径向阴影"效果的各项参数,将"不透明度"调整为100%、"光源"调整为(1393:459)、将"投影距离"

调整为12、将"柔和度"调整为20，如图6-76所示。

图 6-76

▶11 将"水墨.png"素材拖曳至两段素材之间，如图6-77所示。

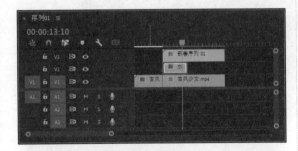

图 6-77

▶12 选择"水墨.png"素材，进入"效果控件"

面板，给"缩放"属性添加关键帧，将时间线移动到（00:00:08:00）位置，数值调整为108；将时间线移动到（00:00:03:19）位置，数值调整为80，如图6-78所示。

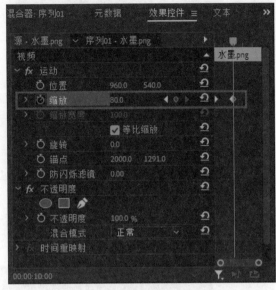

图 6-78

▶13 在"工具"面板中选择"文字工具"，在"节目"监视器面板中单击并输入文字"大家闺秀"，如图6-79所示。

图 6-79

▶14 将文字摆放到合适位置，并添加"缩放"关键帧，将时间线移动到（00:00:08:00）位置，数值调整为115，接着将时间线移动到（00:00:10:00）位置，数值调整为83，如图6-80所示。

▶**15** 选中"缩放"关键帧，右击，在弹出的快捷菜单中执行"缓入"和"缓出"命令，然后调整参数控制柄，如图6-81所示。

图 6-80

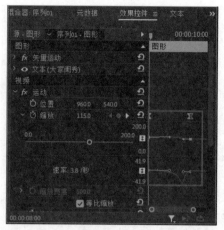
图 6-81

▶**16** 在"项目"面板中选择"背景音乐.wav"素材，将其拖曳至"时间轴"面板，将长度调整到和视频素材一样，如图6-82所示。

图 6-82

▶**17** 在"效果"面板中依次展开"视频过渡"|"溶解"文件夹，将 "黑场过渡"效果拖曳至视频素材的结尾处，如图6-83所示。

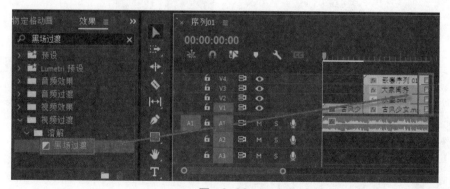
图 6-83

▶**18** 在"效果"面板中依次展开"音频过渡"|"交叉淡化"文件夹，将 "恒定增益"效果拖曳至音频素材的结尾处，并在"效果控件"面板中调整"持续时间"为（00:00:00:13），如图6-84所示。

图 6-84

▶19 按Enter键渲染项目,渲染完成后可预览视频效果,如图6-85所示。

图 6-85

6.9 应用案例:玻璃划过动画

玻璃划过动画就是模拟玻璃划过画面时的效果,通过此效果可以制作镜面划过式转场。制作玻璃划过动画的具体操作步骤如下。

▶01 启动Premiere Pro 2022软件,新建项目,新建序列。

▶02 执行"文件"|"导入"命令,弹出"导入"对话框,选择要导入的素材,单击"打开"按钮,如图6-86所示。

▶03 在"项目"面板中选择"背景.mp4"素材,将其拖曳至"节目监视器"面板,如图6-87所示。

图 6-86

图 6-87

▶04 在"时间轴"面板中，移动时间线到（00:00:15:00）位置，选择"工具"面板中的"剃刀工具" ，对素材进行分割，如图6-88所示。

▶05 将分割出来的右侧部分删除，选择分割出来的片段，按住Alt键向上复制一层，如图6-89所示。

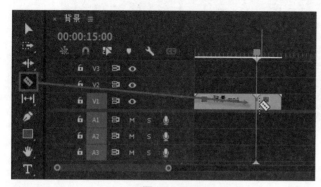

图 6-88

图 6-89

▶06 在"工具"面板中选择"矩形工具" ■，在"节目监视器"面板中单击并绘制一个白色矩形，如图6-90所示。

▶07 进入"基本图形"面板，调整矩形的大小、位置及角度，调整后，在"时间轴"面板中将"图形"素材调整长度至（00:00:15:00）位置，使其与"背景.mp4"素材对齐，如图6-91所示。

图 6-90

图 6-91

▶08 在"时间轴"面板中选择V2轨道上的"背景.mp4"素材，在"效果"面板中依次展开"视频效果"|"键控"文件夹，将"轨道遮罩键"效果拖曳至素材上方，如图6-92所示。

图 6-92

▶09 选择V2轨道上的"背景.mp4"素材，进入"效果控件"面板，将"遮罩"设置为"视频3"，如图6-93所示。

▶ **10** 这时会发现白色矩形框消失，变成了透明状态。此时需要在"效果控件"面板中对"缩放"属性进行调整，如图6-94所示。

图 6-93　　　　　　　　　　图 6-94

▶ **11** 在"时间轴"面板中选中"图形"素材，在"效果"面板中依次展开"视频效果"|"扭曲"文件夹，将"变换"效果拖曳至素材上方，如图6-95所示。

图 6-95

▶ **12** 进入"效果控件"面板，选择"变换"效果中的"位置"属性，将时间线移动到（00:00:02:00）位置，添加一个关键帧，数值为（246:540），让玻璃动画移动到画面外，接着移动时间线到（00:00:15:00）位置，数值为（2619.1:540），将玻璃动画从画面中划过，如图6-96所示。

▶ **13** 选中两个关键帧，右击，在弹出的快捷菜单中执行"临时插值"|"缓入"命令，再次执行"临时插值"|"缓出"命令，如图6-97所示。

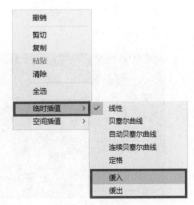

图 6-96　　　　　　　　　　图 6-97

▶**14** 调整"缓入"和"缓出"控制柄，呈现出由快到慢的动画效果，如图6-98所示。

▶**15** 进入"时间轴"面板，选中V2轨道上的"素材.MOV"素材，在"效果"面板中依次展开"视频效果"|"颜色校正"文件夹，将"Lumetri颜色"效果拖曳至素材上方，如图6-99所示。

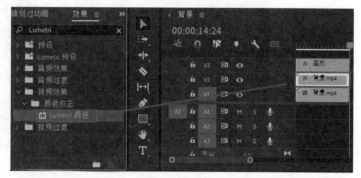

图 6-98　　　　　　　　　　　　　　　　　图 6-99

▶**16** 进入"效果控件"面板，将"色温"调整为-32、"色彩"调整为-11、"曝光"调整为1.2、"对比度"调整为-150、"高光"调整为60、"阴影"调整为20、"白色"调整为100，如图6-100所示。

图 6-100

▶**17** 设置完玻璃的颜色后，在"效果"面板中依次展开"视频效果"|"透视"文件夹，将"投影"效果拖曳至素材上方，如图6-101所示。

图 6-101

18 进入"效果控件"面板，调整"投影"的"不透明度"为100%、"方向"为135°、"柔和度"为20，如图6-102所示。

19 在"效果控件"面板中将"投影"属性复制一层，将"阴影颜色"更改为黑色，将"不透明度"更改为50%、调整"距离"为15、调整"柔和度"为41，如图6-103所示。

图 6-102

图 6-103

20 回到序列中，在"项目"面板中将"背景音乐.wav"素材拖曳至"时间轴"面板，并调整长度和视频素材一致，如图6-104所示。

图 6-104

21 在"效果"面板中依次展开"视频过渡"|"溶解"文件夹，将"黑场过渡"效果拖曳至"背景.mp4"素材结尾处，如图6-105所示。

图 6-105

▶️**22** 在"效果"面板中依次展开"音频过渡"|"交叉淡化"文件夹，将"恒定增益"效果拖曳至音频素材结尾处，如图6-106所示。

图 6-106

▶️**23** 按Enter键渲染项目，渲染完成后可预览视频效果，如图6-107所示。

图 6-107

6.10 应用案例：手写片头动画

　　手写片头动画是通过书写效果，并添加关键帧移动书写轨迹来制作出手写字体的效果，下面通过应用视频效果和关键帧来制作手写片头动画，具体操作方法如下。

▶️**01** 启动Premiere Pro 2022软件，新建项目，新建序列。

▶️**02** 执行"文件"|"导入"命令，弹出"导入"对话框，选择要导入的素材，单击"打开"按钮，如图6-108所示。

▶️**03** 在"项目"面板中选择素材，将"背景.mp4"素材拖曳至"节目监视器"面板，如图6-109所示。

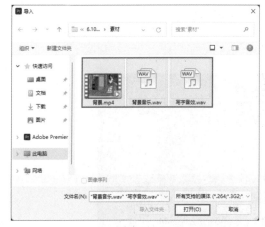

图 6-108

图 6-109

▶04 在"工具"面板选择"文字工具" ，在"节目"监视器面板中单击并输入"古风之旅"，如图6-110所示。

▶05 进入"基本图形"面板，调整文本的大小、位置及样式，如图6-111所示。

图　6-110　　　　　　　　　　　　图　6-111

▶06 在"效果"面板中依次展开"视频效果" | "过时"文件夹，将"书写"效果拖曳至V2轨道上的字幕素材上方，如图6-112所示。

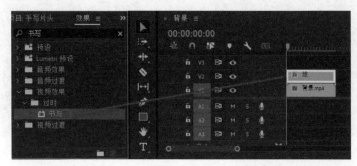

图　6-112

▶07 进入"效果控件"面板，将"颜色"更改为红色，便于后续书写，观察书写轨迹，将"画笔大小"调整为30，将画笔间隔（秒）调整为0.01，如图6-113所示。

▶08 在"效果控件"面板中将时间线移动到开始位置，并单击"画笔位置"属性的"切换动画"按钮，为其位置添加第一个关键帧，数值为（1290.7：469.3），单击"节目"监视器面板底部的"向前一帧（右侧）"按钮，移动两帧，根据文本笔画轨迹，移动"画笔位置"，将自动添加下一个关键帧，如图6-114所示。

图　6-113

图　6-114

提示 　　在移动"画笔位置"添加关键帧时，可在"节目"监视器面板底部展开"选择缩放级别"下拉别表，放大画面，可以更加精准地移动画笔位置。

09 接下来两帧两帧地移动"画笔位置"并添加关键帧，绘制完所有文本后的效果如图6-115所示。

图　6-115

10 在"效果控件"面板中，将"绘制样式"更改为"显示原始图像"，如图6-116所示。

11 在"项目"面板中选择"背景音乐.wav"素材，将其拖曳至"时间轴"面板，并调整其长度，如图6-117所示。

图　6-116

图　6-117

▶12 在"项目"面板中选择"写字音效.wav"素材，将其拖曳至"时间轴"面板，并调整其长度，如图6-118所示。

图 6-118

▶13 在"效果"面板中依次展开"视频过渡"|"溶解"文件夹，将"黑场过渡"效果拖曳至视频素材的结尾处，如图6-119所示。

图 6-119

▶14 在"效果"面板中依次展开"音频过渡"|"交叉淡化"文件夹，将"恒定增益"效果拖曳至音频素材结尾处，如图6-120所示。

图 6-120

▶15 按Enter键渲染项目，渲染完成后可预览视频效果，如图6-121所示。

图 6-121

6.11 拓展练习：创建滑动遮罩

滑动遮罩是一种结合了运动和蒙版技术的特效。创建一个滑动遮罩效果，需要3个视频剪辑，第一个视频作为背景，中间的视频用于添加动画，最后一个图像用于遮罩本身，如图6-122所示。需要使用"效果"面板中的"轨道遮罩键"效果，如图6-123所示。

图 6-122   图 6-123

渲染后的效果图如图6-124所示。

图 6-124

6.12 拓展练习：控制运动的缩放

在"效果控件"面板中为"缩放"属性添加关键帧可以控制运动的缩放，首先将两个素材图片导入"项目"面板，如图6-125所示，在"效果控件"面板中做"位置""缩放"和"不透明度"动画，最后效果如图6-126所示。

图 6-125   图 6-126

音乐MV——
音频效果的应用

一部完整的影视作品中除了有精美的画面之外，合适的背景音乐及音效也是至关重要的。声音不仅能在影视作品中起到解释内容的作用，还能很好地渲染影片气氛、增加作品的感染力及表现力度等。本章将介绍Premiere Pro 2022中有关音频效果的编辑及应用。

7.1 关于音乐MV

MV也称为音乐短片、音乐视频，主要是宣传音乐唱片。

7.1.1 MV剪辑技巧

一部精美的音乐MV，除了前期的创意构思，更离不开后期的剪辑技巧。下面介绍6个在MV中应用的剪辑技巧。

1. 明确设计意图

创作前期必须明确MV要表现的主题是什么。无论是纯剪辑的、片花式的，还是剧情式的，如果镜头像一盘散沙一样毫无章法，那一定是一部没有凝聚力的作品。

2. 注意音乐节奏与画面相结合

首先要让音乐的节奏与画面切换的节奏协调，因为音乐的节奏决定了MV的风格与基调，在拼接镜头时，要完全遵循音乐的节奏来控制画面切换的节奏，这样给人的感觉才是协调的。其次，要让音乐的节奏与画面内部的节奏协调，音乐的节奏要和画面中人物的活动速度或是运动镜头的运动速度相协调。最后，要学会把握音乐重音，也就是踩点，根据音乐的重音、低音进行踩

点，也能让音乐和画面看上去更协调。

3. 镜头的剪辑要有章法

剪辑时要保持一定的规律性。镜头剪辑时应注意近景、中景、远景的巧妙搭配，要注意画面本身的张力，避免出现"跳帧"的情况。此外，镜头组合要遵循"动接动"和"静接静"的原则，还要注意镜头转场的应用，这些都是剪辑时要遵循的章法。

4. 运用边框、遮罩等元素

在制作MV的过程中，要适当地运用边框、遮罩等元素。这些元素都是为MV的画面服务的，不宜过于复杂，避免影响画面观感，同时要与MV的整体风格协调。

5. 合理搭配色彩

确保画面的色调、饱和度、对比度等保持协调，合理的色彩搭配可以为MV锦上添花。

6. 运用特效

特效的运用可以大大提高MV作品的观赏性和表现力，推动画面呈现出更精彩的视觉效果。

7.1.2 镜头表现手法

镜头是影视创作的基本单位，一部完整的影视作品，是由一个一个的镜头组接而成的，因此镜头直接影响影视作品的最终效果。下面介绍几种常见的镜头表现手法。

1. 推镜头

推镜头是一种比较常用的拍摄手法，主要是利用摄像机前移或变焦来完成镜头拍摄。拍摄过程中，镜头逐渐靠近主体对象。推镜头可以突出拍摄对象的局部，更清楚地表现细节的变化，如图7-1所示。

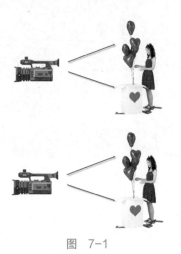

图 7-1

2. 拉镜头

拉镜头与推镜头相反，主要是利用摄像机后移或变焦来完成镜头拍摄。拍摄过程中，使镜头逐渐远离要表现的主体对象。拉镜头的应用可以突出拍摄对象与整体的关系，如图7-2所示。

图 7-2

3. 移镜头

移镜头也称为移动拍摄，通过移动摄像机来拍摄主体对象，拍摄时，画面逐步呈现，形成巡视或展示的视觉感受，如图7-3所示。

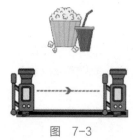

图 7-3

4. 跟镜头

跟镜头也称为跟拍。在拍摄过程中，找到运动的目标，可以是一辆行驶的汽车，也可以是行走的人物对象，然后跟随目标的运动进行拍摄。跟镜头一般会使对象在画面中的位置保持不变，随着对象的运动，其经过的画面会有所变化，但主体对象始终处于画面之中。跟镜头可以很好地突出主体，同时可以表现主体的运动速度、方向及体态等，如图7-4所示。

图 7-4

5. 摇镜头

摇镜头也称为摇拍。在拍摄时，摄像机保持不动，通过摇动镜头，使镜头做左右、上下或旋转等方向运动。摇镜头可以用来表现事物的逐渐呈现过程，一个又一个的画面从渐入镜头到渐出镜头，可以很好地表现整个事物的发展。

6. 旋转镜头

旋转镜头是指被拍摄对象呈旋转效果的画面，镜头沿镜头光轴或接近镜头光轴的角度进行旋转拍摄。拍摄过程中，摄像机会快速旋转，如图7-5所示。

图 7-5

7. 甩镜头

甩镜头是指快速地摇动镜头，极快地将镜头从一个对象转移到另一个对象，实现画面切换的目的，中间的画面将呈现模糊效果。

8. 晃镜头

晃镜头一般应用于特定的环境，该镜头可以

让画面产生上下、左右或前后的摇摆效果，多用于表现精神恍惚、头晕目眩、乘车船等摇晃感。

7.2　音频的处理方式

Premiere Pro 2022具有强大的音频处理能力，主要是通过"音频剪辑混合器"面板来操作，如图7-6所示。

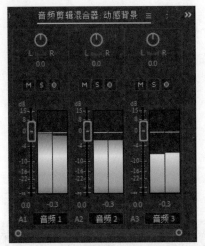

图　7-6

7.2.1　音频效果的处理方式

音频轨道分为两个通道，分别是左（L）声道和右（R）声道。如果音频素材使用的是单声道，可以在Premiere Pro 2022中对其声道效果进行改变；如果音频素材使用的是双声道，可以在两个声道之间实现音频特有的效果。Premiere Pro 2022提供了众多用于处理音频的效果，可以直接将这些音频效果添加到音频素材上，并能够转化成帧，方便对其进行编辑与设置。

7.2.2　处理音频的顺序

在Premiere Pro 2022中处理音频素材时，需要遵循一定的处理顺序，例如按次序添加音频特效。Premiere Pro 2022会对序列中应用的音频特效进行优先处理，再对"音频剪辑混合器"面板的音频轨道中所添加的摇移或增益进行调整。

7.3　音频调节基础

下面介绍音频调节的基础知识。

7.3.1　认识音频轨道

在Premiere Pro 2022的"时间轴"面板中有两种轨道，分别是视频轨道和音频轨道。音频轨道位于视频轨道的下方，如图7-7所示。将视频素材从"项目"面板拖曳至"时间轴"面板，Premiere Pro 2022会自动将剪辑中的音频放到相应的音频轨道上，如果把视频素材放在视频1（V1）轨道上，那么相关联的音频就会被自动放置在音频1（A1）轨道上，如图7-8所示。

图　7-7

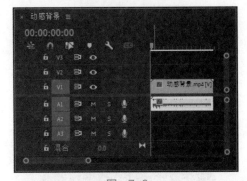

图　7-8

7.3.2　调整音频的持续时间与速度

音频的持续时间是指音频的出点和入点之间的持续时间。最简单的调整音频的方法是直接使用"工具"面板中的"选择工具" ▶ 拖动音频的边缘，来改变音频轨道上音频素材的长度，如图7-9所示。

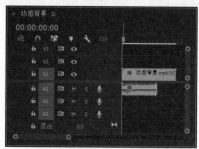

图 7-9

此外，可以选择"时间轴"面板中的音频素材并右击，在弹出的快捷菜单中执行"速度/持续时间"命令，如图7-10所示，在弹出的"剪辑速度/持续时间"对话框中设置音频的持续时间，如图7-11所示。

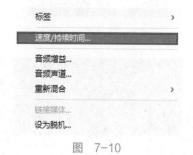

图 7-10

图 7-11

提示 在"剪辑速度/持续时间"对话框中，通过设置音频素材的"速度"，可以改变音频的"持续时间"。改变音频的播放速度后，音频的播放效果将受到影响，音调会因为速度的变化而发生改变，另外，播放速度变化了，播放时间也会随之改变，但是这种改变与通过改变音频素材的出、入点而改变持续时间是不同的。

7.3.3 音量调整

在编辑音频素材时，如果发现视频原有的声音过大或过小，需要对音频素材的音量进行调整。在Premiere Pro 2022中有多种调节音频的方式，下面介绍两种常见的方式。

1. 通过"效果控件"面板调整音量

选择音频素材，在"效果控件"面板中展开"音量"效果属性，通过设置"级别"可以调整音频素材的音量大小，如图7-12所示。

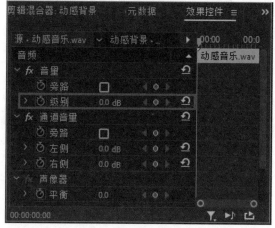

图 7-12

在"效果控件"面板中可以制作音频关键帧动画。单击"音频"效果某个属性右侧的"添加关键帧"按钮，创建一个关键帧，如图7-13所示，接着将时间线移到下一个时间点，重新设置音频属性的参数值，Premiere Pro将自动在该时间点添加一个关键帧，如图7-14所示。

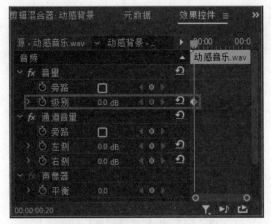

图 7-13

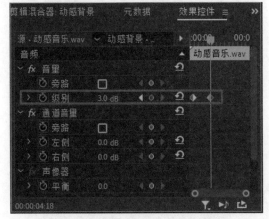

图 7-14

2. 通过"音频剪辑混合器"面板调整音量

在"时间轴"面板中选择音频素材，然后在"音频剪辑混合器"面板中拖动相应音频轨道的音量调节滑块，如图7-15所示。

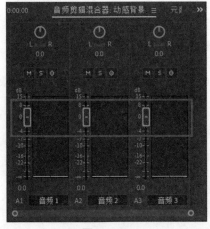

图 7-15

每个音频轨道都有一个对应的音量调节滑块，上下拖动该滑块，可以增加或降低对应音频轨道中音频素材的音量。滑块下方的数值栏中会显示当前音量，也可以直接在数值栏中输入声音数值。

7.4 "音频剪辑混合器"面板

使用"音频剪辑混合器"面板可以实时混合"时间轴"面板中各个轨道中的音频素材，通过"音频剪辑混合器"面板可以很方便地把控音频的声道、音量等属性。

7.4.1 认识"音频剪辑混合器"面板

"音频剪辑混合器"面板由若干个轨道音频控制器、主音频控制器和播放控制器组成。轨道音频控制器用于调节"时间轴"面板对应轨道中的音频，其数量与"时间轴"面板中音频轨道的数量一致。轨道音频控制器由声道调节滑轮、控制按钮和音量调节滑杆组成，如图7-16所示。

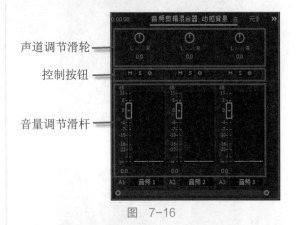

声道调节滑轮
控制按钮
音量调节滑杆

图 7-16

1. 声道调节滑轮

声道调节滑轮用于实现音频素材的声道切换，当音频素材为双声道音频时，可以使用声道调节滑轮来调节播放声道。按住鼠标左键向左拖动滑轮，输出左声道的音量将增大；向右拖动滑轮，输出右声道的音量将增大。

2. 控制按钮

■ 静音轨道：设置轨道音频是否为静音

状态。

▣独奏轨道：单击此按钮，则其他普通音频轨道将自动被设置为静音模式。

◎关键帧：对音频素材进行关键帧设置。

3. 音量调节滑杆

音量调节滑杆主要用于控制当前轨道音频素材的音量大小，按住鼠标左键向上拖动滑块，可以增加音量，向下拖动滑块可以减小音量。

7.4.2 使用"音频剪辑混合器"面板控制音频

使用"音频剪辑混合器"面板控制音频指的是在"音频剪辑混合器"面板中调整音量大小。如果音频素材音量过低，在"音频剪辑混合器"面板中单击相应的音量调节滑块，如图7-17所示，然后按住鼠标左键向上拖动滑块至音量表中0的位置，如图7-18所示。

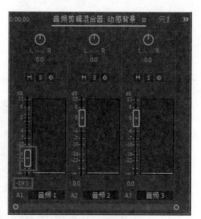

图　7-17

图　7-18

如果音频素材音量过高，在"音频剪辑混合器"面板中单击相应的音量调节滑块，如图7-19所示，然后按住鼠标左键向下拖动滑块至音量表中0的位置，如图7-20所示。

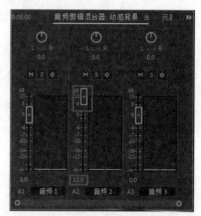

图　7-19

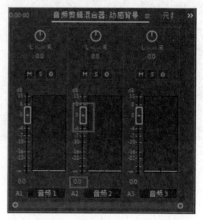

图　7-20

7.5 音频效果

Premiere Pro 2022提供了几十种音频效果，而且每种音频效果使用后的声音各不相同。下面介绍常用的音频效果。

7.5.1 多功能延迟效果

"多功能延迟"效果就是在原音频素材的基础上制作出回音效果，可以产生4层回音，并且可以通过调节参数来控制每层回音发生的延迟时间及程度。

在"效果"面板中，展开"音频效果"|"延迟与回声"文件夹，选择"多功能延迟"效果，如图7-21所示，将其拖曳至音频素材上，并在"效果控件"面板中对其参数进行设置，如图7-22所示。

图　7-21　　　　　　图　7-22

常用功能参数说明如下。

- 延迟：设置音频播放时的声音延迟时间。
- 反馈：设置回声时间。
- 级别：设置回声的强弱。
- 混合：设置回声和原音频素材的混合度。

7.5.2　带通效果

"带通"效果可以移除在指定范围外发生的声音频率或频段。在"效果"面板中，展开"音频效果"|"滤波器和EQ"文件夹，选择"带通"效果，如图7-23所示，将其效果拖曳至音频素材上，并在"效果控件"面板中对其参数进行设置，如图7-24所示。

图　7-23　　　　　　图　7-24

常用功能参数说明如下。

- 旁路：勾选该复选框，可以取消带通音效效果。
- 切断：数值越小，音量越小，数值越大，音量越大。
- Q：设置波段频率的宽度。

7.5.3　低通/高通效果

"低通"效果用于删除高于指定频率外的其他频率信息，使音频产生浑厚的低音音场效果；"高通"与"低通"相反，用于删除低于指定频率外的其他频率信息，使音频产生清脆的高音音场效果。

在"效果"面板中展开"音频效果"文件夹，选择"低通"或"高通"效果，将其效果拖曳至音频素材上，并在"效果控件"面板中对其参数进行设置，如图7-25所示。

图　7-25

常用功能参数说明如下。

- 旁路：勾选该复选框，可以取消低通/高通音效效果。
- 切断：数值越小，音量越小，数值越大，音量越大。

7.5.4　低音/高音效果

"低音"效果用于提升音频波形中低频部分的音量，使音频产生低音增强效果；"高音"效果用于提升音频波形中高频部分的音量，使音频产生高音增强效果。

在"效果"面板中，展开"音频效果"文件夹，选择"低音"或"高音"效果，将其效果拖曳至音频素材上，并在"效果控件"面板中对其参数进行设置，如图7-26所示。

图 7-26

常用功能参数说明如下。

- 旁路：勾选该复选框，可以取消高音/低音音效效果。

- 增加：提升或降低低音或高音。

7.5.5 消除齿音效果

"消除齿音"效果可以消除在前期录制中产生的刺耳齿音，用于对人物语音音频进行清晰化处理。在"效果"面板中，展开"音频效果"文件夹，选择"消除齿音"效果，将效果拖曳至音频素材上，并在"效果控件"面板中对其参数进行设置，如图7-27所示。

图 7-27

提示 可以在同一个音频轨道上添加多个音频效果，并分别进行控制。

7.5.6 音量效果

在"效果"面板中展开"音频效果"文件夹，选择"音量"效果，将效果拖曳至音频素材上，并在"效果控件"面板中对其参数进行设置，如图7-28所示。

图 7-28

常用功能参数说明如下。

- 旁路：勾选该复选框，可以取消音量音效效果。

- 级别：设置音量的大小。该参数为正值时，提高音量，该参数为负值时，降低音量。

7.6 音频实例：调节影片音频

在"效果控件"面板中调节影片的音频，具体的操作步骤如下。

▶01 启动Premiere Pro 2022软件，新建项目，新建序列，执行"文件"|"导入"命令，将所需视频导入"项目"面板，如图7-29所示。

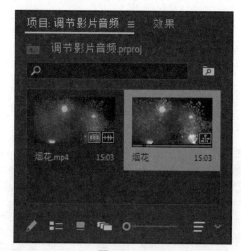

图 7-29

▶02 将"烟花.mp4"素材拖曳至"时间轴"面板，然后选中音频，如图7-30所示。

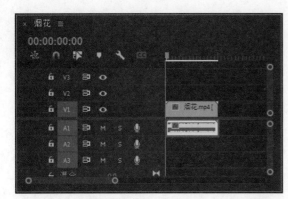

图 7-30

▶03 在"效果控件"面板中展开"音频"效果参数，在视频开始处单击"级别"属性右侧的"添加关键帧"按钮■，并设置其参数为0，如图7-31所示。

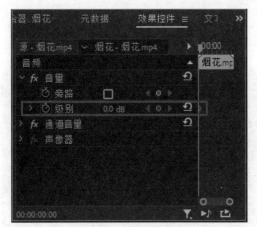

图 7-31

▶04 将时间线调整到合适的位置，设置"级别"的数值为5，如图7-32所示。

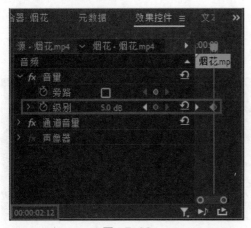

图 7-32

▶05 在"节目监视器"面板中单击"播放"按钮▶，预览音频的最终效果。

7.7 音频实例：更改音频的增益与速度

下面介绍如何更改音频的增益与速度，具体的操作步骤如下。

▶01 启动Premiere Pro 2022软件，新建项目，新建序列，执行"文件"|"导入"命令，将"01.mp4"素材导入"项目"面板，如图7-33所示。

图 7-33

▶02 从"项目"面板中将"01.mp4"素材拖曳至"时间轴"面板，选中音频素材，如图7-34所示。

图 7-34

▶**03** 右击音频素材，在弹出的快捷菜单中执行"速度/持续时间"命令，如图7-35所示，在弹出的"剪辑速度/持续时间"对话框中设置音频的"速度"为90%，如图7-36所示。

图 7-35　　　　　　图 7-36

▶**04** 选择素材，右击，在弹出的快捷菜单中执行"音频增益"命令，如图7-37所示，在弹出的"音频增益"对话框中设置"调整增益值"为2，单击"确定"按钮，如图7-38所示。

图 7-37　　　　　　图 7-38

 提示

"调整增益值"的范围为-96～96dB。在"剪辑速度/持续时间"对话框中设置"持续时间"，还可以精确调整音频素材的速率。

7.8　应用案例：青春旧时光音乐MV

下面介绍如何制作青春旧时光音乐MV，具体操作步骤如下。

▶**01** 启动Premiere Pro 2022软件，新建项目，新建序列。

▶**02** 执行"文件"|"导入"命令，弹出"导入"对话框，选择要导入的素材，单击"打开"按钮，如图7-39所示。

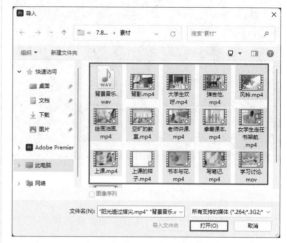

图 7-39

▶**03** 在"项目"面板中选择"风铃.mp4"素材，按住鼠标左键将其拖曳至"节目监视器"面板，如图7-40所示。

图 7-40

▶**04** 执行"文件"|"导入"命令，将音频素材导入"项目"面板，然后将其拖曳至"时间轴"面板，调整其长度，并在需要切换镜头的地方做上标记，如图7-41所示。

图 7-41

▶05 根据音频标记的点，在"项目"面板中依次拖曳素材，并调整素材长度，如图7-42所示。

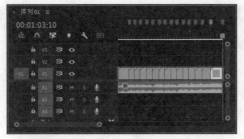

图 7-42

▶06 在"效果"面板中依次展开"视频过渡"|"溶解"文件夹，将"白场过渡"效果拖曳至"风铃.mp4"素材的前端，如图7-43所示。

图 7-43

▶07 在"效果"面板中依次展开"视频过渡"|"溶解"文件夹，将"交叉溶解"效果拖曳至两个镜头中间，如图7-44所示。

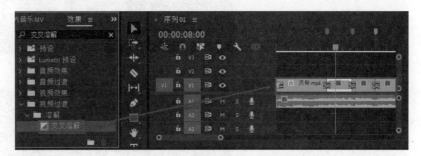

图 7-44

▶08 在"效果"面板中依次展开"视频过渡"|"溶解"文件夹，将"黑场过渡"效果拖曳至"书本与花.mp4"素材的结束位置，如图7-45所示。

图 7-45

▶09 在"工具"面板中选择"文字工具"■，进入"节目监视器"面板，单击并输入歌名和演唱者，进入"基本图形"面板调整参数，如图7-46所示。

▶10 移动到下一个场景，选择"文字工具"■，在"节目监视器"面板中单击并输入第一句歌词，并调整歌词的位置，在"时间轴"面板中，按住Alt键复制一层，在"节目监视器"面板中单击文本进行编辑，如图7-47所示。

图 7-46

图 7-47

▶11 按照上述方法复制歌词，并更改文字和调整位置，直到音乐结束，如图7-48所示。

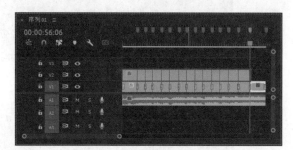

图 7-48

▶12 在"效果"面板中依次展开"视频过渡"|"擦除"文件夹，将"划出"效果拖曳至"字幕01"素材的开始位置，如图7-49所示。

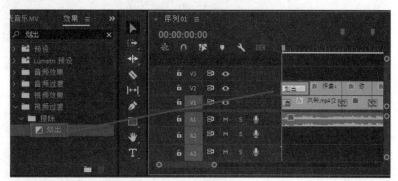

图 7-49

▶13 将其他文字素材的转场方式设置为"交叉溶解"，如图7-50所示。

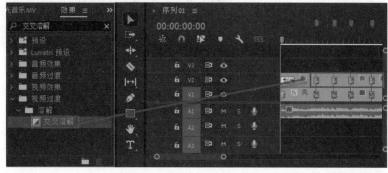

图 7-50

▶14 在"项目"面板中将"粒子.mov"素材拖曳至"时间轴"面板，放到"字幕"素材的上方，并根据文字的位置调整"粒子"的位置，如图7-51所示。

图 7-51

▶15 每段文字素材上方都要放上"粒子.mov"素材，如图7-52所示。

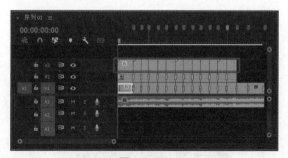

图 7-52

▶16 将"项目"面板中的"粒子光斑.mov"素材拖曳至"时间轴"面板，放在V4轨道上，并在"效果控件"面板将"不透明度"改为70%，如图7-53所示。

图 7-53

▶17 进入"音频"工作区，制作"旧时光"音频效果，选择"背景音乐.wav"素材，如图7-54所示，在"基本声音"面板中选择"环境"选项，如图7-55所示。

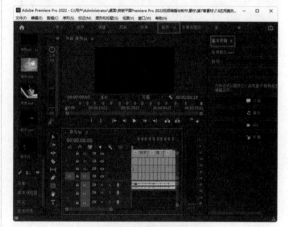

图 7-54

图 7-55

▶18 在"环境"效果参数中，在"预设"下拉列表中选择"从外部"选项，如图7-56所示，在

"创意"属性中,在"预设"下拉列表中选择"风效果"选项,并且调整"数量"数值为7.6,如图7-57所示。

图 7-56　　　　　图 7-57

▶19 在"时间轴"面板中选择"背景音乐.wav"素材,右击,在弹出的快捷菜单栏中执行"音频增益"命令,如图7-58所示,在弹出的"音频增益"对话框中设置"调整增益值"为20,单击"确定"按钮,如图7-59所示。

图 7-58　　　　　图 7-59

▶20 按Enter键渲染项目,渲染完成后可预览视频效果,如图7-60所示。

图 7-60

7.9　应用案例:古风音乐MV

制作古风MV素材应该选用偏古典的素材,包括人物的着装、画面字体、背景音乐、转场方式等,都应该做到风格统一,下面介绍如何制作古风音乐MV,具体操作步骤如下。

▶01 启动Premiere Pro 2022软件,新建项目,新建序列。

▶02 执行"文件"|"导入"命令,弹出"导入"对话框,选择要导入的素材,单击"打开"按钮,如图7-61所示。

图 7-61

▶03 在"项目"面板中选择"背景音乐.wav"素材,按住鼠标左键将其拖曳至"时间轴"面板,如图7-62所示。

图 7-62

▶04 播放音乐并按M键给音乐做上"标记",如图7-63所示。

图 7-63

▶05 在"项目"面板中选择"10.mp4"素材,按住鼠标左键将其拖曳至"节目监视器"面板,如图7-64所示。

图 7-64

▶06 根据音乐标记的点，调整添加视频素材的长度，如图7-65所示。

图 7-65

▶07 在"效果"面板中依次展开"视频过渡"|"溶解"文件夹，将"白场过渡"效果拖曳至"10.mp4"素材上方，如图7-66所示。

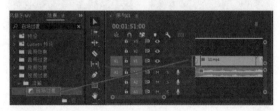

图 7-66

▶08 在"效果"面板中依次展开"视频过渡"|"溶解"文件夹，将"交叉溶解"效果拖曳至两段素材中间，如图7-67所示。

图 7-67

▶09 在"效果"面板中依次展开"视频过渡"|"溶解"文件夹，将"黑场过渡"效果拖曳至最后一段素材结尾处，如图7-68所示。

图 7-68

▶10 在"工具"面板中选择"文字工具"Ｔ，进入"节目监视器"面板，单击并输入歌名，进入"基本图形"面板调整参数，如图7-69所示。

图 7-69

▶11 在"时间轴"面板中，调整V2轨道上的"字幕"素材长度，选择素材并右击，在弹出的快捷菜单中执行"嵌套"命令，如图7-70所示。

图 7-70

▶12 在"项目"面板中拖曳"粒子.mov"素材，放在V3轨道上，如图7-71所示。

图 7-71

▶13 从"项目"面板中拖曳"分型杂色.mov"素材，放在V4轨道上，如图7-72所示。

图 7-72

图 7-74

▶14 选中"嵌套序列01"素材，在"效果"面板中依次展开"视频效果"|"键控"文件夹，将"轨道遮罩键"效果拖曳至"文字"嵌套素材上方，在"效果控件"面板中将"遮罩"设置为"视频4"，"合成方式"设置为"亮度遮罩"，勾选"反向"复选框，如图7-73所示。

▶16 在"效果"面板中搜索"投影"效果并拖曳至"嵌套序列01"素材上方，在"效果控件"面板中调整其参数，如图7-75所示。

▶17 在"效果"面板中搜索"斜面Alpha"效果并拖曳至"嵌套序列01"素材上方，在"效果控件"面板中调整其参数，如图7-76所示。

图 7-75　　　　　　　图 7-76

▶18 按Enter键渲染项目，渲染完成后可预览视频效果，如图7-77所示。

图 7-73

▶15 选中"嵌套序列01"素材，在"效果"面板中搜索"裁剪"效果，将效果拖曳至"文字"嵌套素材上方，并在"效果控件"中的"右侧"设置关键帧，让字体跟随粒子一起出现，如图7-74所示。

图 7-77

7.10 应用案例: 音乐宣传片

本案例分为5个部分, 分别是片头制作、添加片段、字幕添加、转场添加和添加音频。主要使用的是轨道遮罩效果, 下面介绍如何制作一个完整的音乐宣传片, 具体操作步骤如下。

1. 片头制作

片头是宣传片不可缺少的一部分, 一个完整的宣传片离不开一个好的片头。

▶01 启动Premiere Pro 2022软件, 新建项目, 新建序列。

▶02 执行"文件"|"导入"命令, 弹出"导入"对话框, 选择要导入的素材, 单击"打开"按钮, 如图7-78所示。

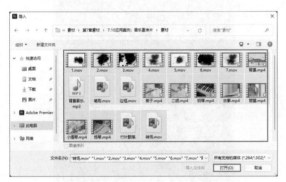

图 7-78

▶03 在"项目"面板中, 选择"背景.mp4"素材, 按住鼠标左键将其拖曳至"节目监视器"面板, 如图7-79所示。

图 7-79

▶04 在"项目"面板中将"竹叶飘落.mov"和"边框.mov"素材拖曳至"时间轴"面板, 放入V2和V3轨道, 并调整长度, 如图7-80所示。

图 7-80

▶05 在"工具"面板中选择"文字工具"T, 在"节目监视器"面板中单击并输入文字, 如图7-81所示。

图 7-81

▶06 选择V4轨道上的"字幕"素材, 进入"效果控件"面板, 将时间线移动到起始位置, 给"不透明度"添加关键帧, 数值为0, 如图7-82所示, 将时间线移动到(00:00:02:00)位置, 添加一个关键帧, 数值改为100, 如图7-83所示。

图 7-82

图 7-83

▶07 此时"节目监视器"面板中对应的画面如图7-84所示。

图 7-84

2. 添加片段

制作完片头后就开始添加片段，片段也是整个视频的核心部分。

▶01 在"项目"面板中将"扬琴.mp4"素材拖曳至"时间轴"面板，放入V4轨道，如图7-85所示。

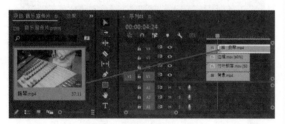

图 7-85

▶02 将"1.mp4"素材拖曳至"时间轴"面板，放入V5轨道，如图7-86所示。

图 7-86

▶03 在"效果"面板中依次展开"视频效果"|"键控"文件夹，将"轨道遮罩键"效果拖

曳至"扬琴.mp4"素材上方，如图7-87所示。

图 7-87

▶04 选择"扬琴.mp4"素材，进入"效果控件"面板，将"遮罩"改为"视频5"，"合成方式"改为"亮度遮罩"，勾选"反向"复选框，如图7-88所示。此时"节目监视器"面板中的画面如图7-89所示。

图 7-88

图 7-89

其他视频的添加方法与上面的方式相同。

3. 字幕添加

片段添加完毕后就可以开始增加字幕了，字幕在宣传片中起解释说明的作用。

▶01 在"项目"中将"笔刷.mov"素材拖曳至"时间轴"面板，放入V6轨道，如图7-90所示。

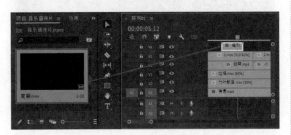

图 7-90

▶02 选择"笔刷.mov"素材，在"节目监视器"面板中调整素材的大小和位置，如图7-91所示。

图 7-91

▶03 在"工具"面板中选择"文字工具"，在"节目监视器"面板中单击并输入文字，如图7-92所示。

图 7-92

▶04 在"效果"面板中依次展开"视频效果"|"过渡"文件夹，将"线性擦除"效果拖曳至V7轨道上的"字幕"素材上方，如图7-93所示。

图 7-93

▶05 进入"效果控件"面板，为"过渡完成"添加关键帧，将时间线移动到（00:00:04:23）位置，将"过渡完成"改为91，如图7-94所示。移动时间线到（00:00:05:23）位置，将"不透明度"改为59，如图7-95所示。

图 7-94

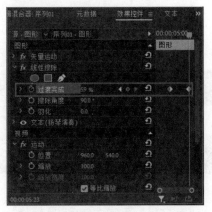

图 7-95

06 此时对应的"节目监视器"面板中的画面如图7-96所示。

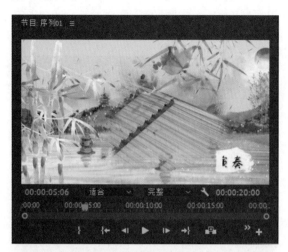

图 7-96

4. 转场添加

转场也是视频的关键部分，本案例采用视频叠加的转场方式，具体操作方法如下。

01 在"项目"面板中，将"转场.mp4"素材拖曳至"时间轴"面板，放在V8轨道上，如图7-97所示。

图 7-97

02 在"时间轴"面板中调整视频长度，如图7-98所示。

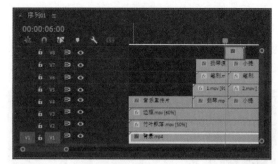

图 7-98

03 其他转场的添加方法与上面的方式相同，如图7-99所示。

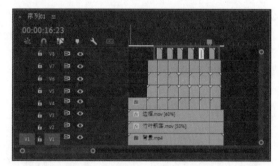

图 7-99

04 此时"节目监视器"面板中的画面如图7-100所示。

图 7-100

5. 添加音频

给视频添加音频的具体操作步骤如下。

01 在"项目"面板中将"背景音乐.mp3"素材拖曳至"时间轴"面板，并调整其长度，如图7-101所示。

图 7-101

▶02 在"效果"面板中依次展开"音频过渡"|"交叉淡化"文件夹,将"指数淡化"效果拖曳至"背景音乐.mp3"素材结尾处,如图7-102所示。

图 7-102

▶03 在"效果"面板中依次展开"视频过渡"|"溶解"文件夹,将"黑场过渡"效果拖曳至视频素材结尾处,如图7-103所示。

图 7-103

▶04 按Enter键渲染项目,渲染完成后可预览视频效果,如图7-104所示。

图 7-104

7.11 拓展实例:音频的淡入/淡出

音频的淡入指的是声音慢慢地从无到有,音频的淡出指的是声音慢慢地从有到无。选择音频素材,如图7-105所示,可以使用"效果"面板中的"音频过渡"效果实现,也可以通过在"效果控件"面板中添加关键帧来实现音频的淡入/淡出效果,如图7-106所示。

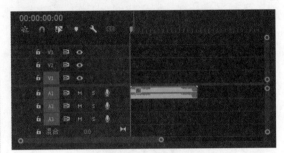

图 7-105

图 7-106

第8章 独立影片—— 素材的采集与颜色调整

素材采集是视频编辑的首要工作，视频素材的质量在一定程度上会影响最终作品的质量，所以如何采集到优质的视频素材，是至关重要的一步。Premiere Pro 2022提供了一套高效可靠的采集选项，下面进行具体介绍。

8.1 独立影片概述

独立影片又称为独立制片电影，是与好莱坞主流电影相对应的一个概念。从技术角度上来说，独立影片是指在资金投入和制作上不隶属于任何电影集团、公司或制片厂，主要依靠制片人或导演通过各种渠道融获资金，甚至包括个人出资等形式来制成影片。随着时代的发展和科技的进步，如今个人也能轻松创作和拍摄，并上传至社交平台。个人独立影片的常见形式有微电影、个人Vlog等，相较于传统电影长片来说，个人独立影片制作更简单，传播更高效。

8.2 视频素材的采集

在视频编辑中，视频素材采集是一个很重要

的环节，在制作前期，可以根据创作脚本拍摄相应的视频镜头，也就是原始视频素材。可以通过外部视频输入和软件视频素材输入两种方式将原始视频素材输入计算机。

1. 外部视频输入

外部视频输入是指将单反相机、摄像机等拍摄设备中拍摄或录制的视频素材输入计算机硬盘。

2. 软件视频素材输入

软件视频素材输入指的是将一些由应用软件（如CINEMA 4D、After Effects等）制作的动画视频素材输入计算机硬盘。

8.3 颜色校正类视频效果

Premiere Pro 2022中的"颜色校正"类视频效果可以校正图像颜色。下面介绍各个效果的主要功能。

8.3.1 Lumetri 颜色

Lumetri 颜色效果可在通道中对素材文件进行颜色调整。在"效果"面板中可以直接选择该效果进行应用，应用前后效果如图8-1所示。

图 8-1

8.3.2　RGB曲线

　　"RGB曲线"是常见的调色效果之一，可分别针对每一个颜色通道进行调节，并且能实现比较丰富的颜色效果，应用前后效果如图8-2所示。

图 8-2

8.3.3　RGB颜色校正器

　　"RGB颜色校正器"效果通过修改RGB参数改变颜色及亮度，应用前后效果如图8-3所示。

图 8-3

8.3.4　三向颜色校正器

　　"三向颜色校正器"效果可对素材的阴影、中间调和高光进行调整，应用前后效果如图8-4所示。

图 8-4

8.3.5　BCC 亮度-对比度

　　"BCC 亮度-对比度"效果可以调整素材的亮度和对比度参数，应用前后效果如图8-5所示。

图 8-5

8.3.6　保留颜色

"保留颜色"效果可以选择保留图像中的一种色彩，并将其他色彩变为灰度色效果，应用前后效果如图8-6所示。

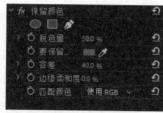

图 8-6

8.3.7　均衡

"均衡"效果可对图像中的颜色和亮度进行平均化处理，应用前后效果如图8-7所示。

图 8-7

8.3.8　快速颜色校正器

"快速颜色校正器"效果可通过设置色相、饱和度来调整素材的颜色，应用前后效果如图8-8所示。

图 8-8

8.3.9 更改为颜色

"更改为颜色"效果可将图像中选定的一种颜色更改为其他颜色,应用前后效果如图8-9所示。

图 8-9

8.3.10 视频限幅器(旧版)

"视频限幅器(旧版)"效果可以对素材的颜色值进行限幅调整,应用前后效果如图8-10所示。

图 8-10

8.3.11 通道混合器

"通道混合器"效果可以将图像的不同颜色通道混合,应用前后效果如图8-11所示。

图 8-11

8.3.12 颜色平衡

"颜色平衡"效果可以调整素材中阴影、中间调和高光的红绿蓝比例,从而使图像颜色趋于平衡,应用前后效果如图8-12所示。

图 8-12

8.3.13　颜色平衡（HLS）

"颜色平衡（HLS）"效果可通过设置色相、亮度、饱和度等参数来调节画面色调，使画面颜色趋于平衡，应用前后效果如图8-13所示。

图　8-13

8.4　图像控制类视频效果

图像控制类效果用于调整图像的颜色，该组效果包括4种效果，如图8-14所示。

图　8-14

8.4.1　Color Pass（颜色过滤）

"Color Pass（颜色过滤）"效果可以将图像中没有选中的颜色区域变成灰度色，使选中的区域保持不变，应用前后效果如图8-15所示。

图　8-15

8.4.2　Color Replace（颜色替换）

"Color Replace（颜色替换）"效果是在不改变灰度的情况下，实现目标颜色的替换，应用前后效果如图8-16所示。

图 8-16

8.4.3 Gamma Correction（灰度系数校正）

"Gamma Correction（灰度系数校正）"效果可以在不改变图像亮部和暗部的情况下，对图像的明暗程度进行调整，应用前后效果如图8-17所示。

图 8-17

8.4.4 黑白

"黑白"效果可以将彩色画面转换为黑白效果，应用前后效果如图8-18所示。

图 8-18

8.5 调色实例：更改图像颜色

在视频编辑中，有时画面的颜色与整体的素材的画面颜色不协调，可以通过"更改为颜色"效果来更改图像中需要替换的颜色，使用"RGB曲线"细化画面，使颜色协调统一，使用"更改为颜色"效果和"RGB曲线"更换图像颜色的具体操作如下。

▶01 启动Premiere Pro 2022软件，新建项目，新建序列，然后执行"文件"|"导入"命令，将素材导入"项目"面板，如图8-19所示。

图 8-19

▶**02** 将素材拖曳至"时间轴"面板,并在"节目监视器"面板中打开,如图8-20所示。

图 8-20

▶**03** 在"效果"面板中依次展开"视频效果"|"过时"文件夹,将"更改为颜色"效果拖曳至"枫叶.jpg"素材上方,如图8-21所示。

图 8-21

▶**04** 选中"枫叶.jpg"素材,进入"效果控件"面板,展开"更改为颜色"效果,将"自"设置为画面中枫叶的红色,将"至"设置为粉色,设置"色相"为20%,设置"柔和度"为80%,如图8-22所示。

图 8-22

▶**05** 操作完成后,得到的图像效果如图8-23所示。

图 8-23

▶**06** 在"效果"面板中依次展开"视频效果"|"过时"文件夹,将"更改为颜色"效果拖曳至"枫叶.jpg"素材上方,如图8-24所示。

图 8-24

▶**07** 选中"枫叶.jpg"素材,进入"效果控件"面板,展开"RGB 曲线"效果,在"主要"和"红色"曲线上单击添加一个控制点并进行拖动,增加画面的亮度并降低红色数量,如图8-25所示。

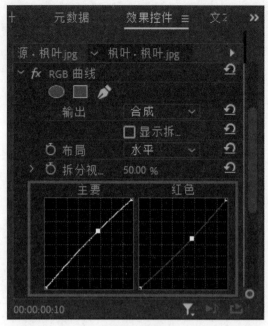

图 8-25

▶08 按Enter键渲染项目，渲染完成后可预览视频效果，如图8-26所示。

图 8-26

8.6 调色实例：保留画面单色

在一些经典电影片段中，可以看到创作者仅保留画面中的某一种颜色，这种调色手法不仅可以使画面产生强烈的视觉冲击，还能让观众深刻体会到创作者想要传达的情感。下面介绍使用"Lumetri 颜色"面板制作保留画面单色的具体操作。

▶01 启动Premiere Pro 2022软件，新建项目，新建序列，然后执行"文件"|"导入"命令，将素材导入"项目"面板，在"项目"面板中选择"果蔬.mp4"素材，将其拖曳至"节目监视器"面板，如图8-27所示。

图 8-27

▶02 在"时间轴"面板中选中"果蔬.mp4"素材，按住Alt键复制一层至V2轨道中，如图8-28所示。

图 8-28

▶03 选中V2轨道中的"果蔬.mp4"素材，执行"窗口"|"Lumetri 颜色"命令，在"Lumetri 颜色"面板中展开"HSL 辅助"属性，如图8-29所示。

图 8-29

图 8-32

▶05 在"Lumetri 颜色"面板中单击"设置颜色"选项右侧的 ✐ 按钮，然后移动光标至"节目"监视器面板，吸取果蔬中的红色，如图8-32所示。

▶04 在"键"属性中设置参数，如图8-30所示，在"节目监视器"面板中预览当前画面效果，如图8-31所示。

图 8-30

▶06 在"Lumetri 颜色"面板中拖动HSL参数滑块，如图8-33所示，使当前画面中仅保留红色的果蔬，其余部分变成灰色，效果如图8-34所示。

图 8-33

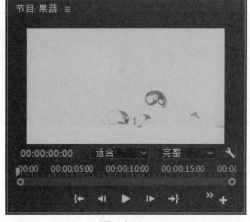

图 8-31

图 8-34

▶07 在"Lumetri 颜色"面板中展开"优化"属性，调整"降噪"与"模糊"参数，如图8-35所示。

图 8-35

▶08 在"键"属性中单击█按钮，此时在"节目监视器"面板中预览画面，会发现灰色区域发生反转，如图8-36所示。

图 8-36

▶09 展开"更正"属性，调整"饱和度"数值为0，如图8-37所示。

图 8-37

▶10 调整完成"饱和度"后，在"节目监视器"面板中预览画面，发现此时的画面变为黑白状态，如图8-38所示。

图 8-38

▶11 在"Lumetri 颜色"面板中取消勾选"彩色/灰色"选项前的复选框，如图8-39所示。

图 8-39

▶12 按Enter键渲染项目，渲染完成后可预览视频效果，如图8-40所示。

图 8-40

8.7 应用案例：高级灰情绪影片

本节介绍情绪影片的剪辑与制作方法。包括4个部分，分别是影片开场、片段剪辑、影片调色和添加字幕。

1. 影片开场

开场是一部影片的重头戏。开场的制作可以

简单化，也可以复杂化，但始终要符合影片基调。下面介绍开场的具体制作方法。

▶01 启动Premiere Pro 2022软件，新建项目，新建序列。

▶02 执行"文件"|"导入"命令，弹出"导入"对话框，选择要导入的素材，单击"打开"按钮，如图8-41所示。

图 8-41

▶03 在"项目"面板中选择"1.mp4"素材，将其拖曳至"节目监视器"面板，如图8-42所示。

图 8-42

▶04 在"工具"面板中选择"矩形工具" ▢，在"节目监视器"面板中单击并绘制一个矩形，如图8-43所示。

▶05 进入"基本图形"面板，将绘制的矩形填充为黑色，如图8-44所示。

图 8-43

图 8-44

▶06 在"时间轴"面板中选中"图形"素材，按住Alt键向上拖动复制一层，如图8-45所示。

图 8-45

▶07 选择复制得到的"图形"素材，进入"效果控件"面板，将"位置"更改为（960:1078），如图8-46所示。

图 8-46

▶**08** 选择V1轨道上的"图形"素材，进入"效果控件"面板，将时间线移动到起始位置，添加"位置"关键帧，设置"位置"为（960:540），将时间线移动到（00:00:03:00）处，更改"位置"为（960:77），并添加关键帧，如图8-47所示。

图 8-47

▶**09** 选择V2轨道上的"图形"素材，进入"效果控件"面板，将时间线移动到起始位置，添加"位置"关键帧，设置"位置"为（960:1080），将时间线移动到（00:00:03:00）位置，更改"位置"为(960:1537)，并添加关键帧，如图8-48所示。

图 8-48

▶**10** 影片开场制作完毕，视频效果如图8-49所示。

图 8-49

2. 片段剪辑

片段剪辑是视频制作中非常重要的步骤之一，需要足够的耐心和细心。

▶**01** 在"项目"面板中将"背景音乐.wav"素材拖曳至"时间轴"面板，如图8-50所示。

图 8-50

▶**02** 在"节目监视器"面板中播放音乐，在需要添加标记的位置单击"添加标记"按钮 ，如图8-51所示。

图 8-51

▶**03** 根据添加的标记，从"项目"面板中将素材依次拖曳至"时间轴"面板，并调整其长度，如图8-52所示。

图 8-52

▶04 全部片段剪辑完后，在"时间轴"面板中的素材分布效果如图8-53所示。

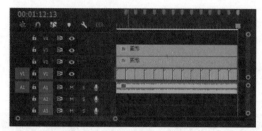

图 8-53

3. 影片调色

片段剪辑完成后，还需要为画面调色。

▶01 在"项目"面板空白处右击，在弹出的快捷菜单栏执行"调整图层"命令，并将其拖曳至"时间轴"面板中V4轨道上，调整其长度，如图8-54所示。

图 8-54

▶02 执行"窗口"|"Lumetri颜色"命令，如图8-55所示，将"Lumetri颜色"面板打开。

图 8-55

▶03 在"时间轴"面板中选择"调整图层"素材，此时在"节目"监视器面板中的画面效果如图8-56所示。

图 8-56

▶04 在"Lumetri颜色"面板中展开"曲线"选项，如图8-57所示。

▶05 在"RGB曲线"属性中，改变画面的整体色调，在"白色"曲线上单击添加三个控制点并调整曲线呈现"S"形状，以增加画面的对比度，将"暗部"的顶点向上移动，使画面的暗部变成灰色，将"亮部"的顶点向下移动，降低画面的高光，如图8-58所示。

图 8-57　　　　　图 8-58

▶06 调整完对比度后，在"色相饱和度曲线"属性中，在"色相与饱和度"曲线中添加一个控制点，将整体的饱和度降低，使画面处于灰色状态，如图8-59所示。

▶07 在"橙色"饱和度区域添加控制点，拖曳中间的控制点向上移动，恢复人物肤色的饱和度，在"青色"饱和度区域添加控制点，拖曳中间的控制点向上移动，恢复画面饱和度，提高色彩对比如图8-60所示。

图 8-59　　　　　图 8-60

> **提示**　　之后的片段调色均采用"Lumetri颜色"面板进行相同操作，确保全片色调统一。

▶08 展开"色相与色相"属性，将"蓝色"和"绿色"色相区域添加控制点，并拖曳控制点向"青色"色相区域移动，如图8-61所示，将"黄色"和"红色"色相区域添加控制点，并拖曳控制点向"橙色"色相区域移动，如图8-62所示。

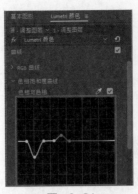
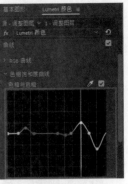

图 8-61　　　　　图 8-62

▶09 展开"色轮和匹配"属性，拖曳"阴影"左侧箭头向下移动，降低阴影，并调整"阴影"的色轮，如图8-63所示，拖曳"高光"左侧箭头向上移动，降低阴影，并调整"高光"色轮，如图8-64所示。

图 8-63　　　　　图 8-64

▶10 完成调色后，在"节目监视器"面板中对应的画面效果如图8-65所示。

图 8-65

4.添加字幕

完成画面的调整后，还需要添加旁白，使内容更加丰富，更具感染力。

▶**01** 在"工具"面板中选择"文字工具"**T**，在"节目"监视器面板中单击并输入文字内容，如图8-66所示。

图 8-66

▶**02** 在"时间轴"面板中调整"字幕"素材长度，如图8-67所示。

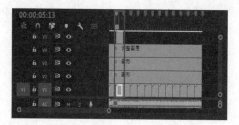

图 8-67

▶**03** 在"工具"面板中长按"文字工具"**T**，在弹出的列表中选择"垂直文字工具"**T**选项，在"节目监视器"面板中单击并输入文字，如图8-68所示，调整后，此时在"节目监视器"面板中对应的画面效果如图8-69所示。

图 8-68

图 8-69

▶**04** 用同样的方法，继续添加字幕，直到将需要输入的文字添加完毕，如图8-70所示。

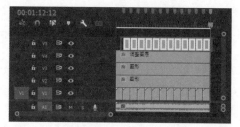

图 8-70

▶**05** 在"效果"面板中依次展开"视频过渡"|"溶解"文件夹，将"黑场过渡"效果拖曳至视频素材的结尾处，如图8-71所示。

图 8-71

▶**06** 在"效果"面板中依次展开"音频过渡"|"交叉淡化"文件夹，将"指数淡化"效果拖曳至音频素材的结尾处，如图8-72所示。

图 8-72

▶07 按Enter键渲染项目，渲染完成后可预览视频效果，如图8-73所示。

图 8-73

8.8 拓展练习：暗角怀旧的电影质感

暗角怀旧的电影质感在一些怀旧的影片中是比较常见的，制作方法也比较简单。打开文件夹，导入素材，如图8-74所示，为素材添加"Lumetri颜色"效果，如图8-75所示。

图 8-74

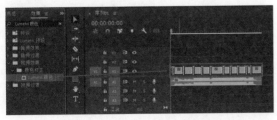

图 8-75

在"效果控件"面板中调整"晕影"的属性，如图8-76所示，并为画面添加文字，如图8-77所示。

图 8-76

图 8-77

渲染完成后的预览效果如图8-78所示

图 8-78

第9章 特效短片——叠加方式与抠像技术

抠像是影视制作中常用的技术手段，通过抠像可以轻松去除背景，使背景变为透明状态，再通过剪辑实现完美的画面合成效果；叠加则是将多个素材混合在一起，从而产生各种特殊的效果。两者有着必然的联系。

9.1 特效短片概述

在影视作品中，经常可以看到许多震撼的镜头，如人物飞檐走壁、汽车爆破等，特别是在好莱坞特效电影中。这些镜头的制作包括两部分，分别是前期绿幕拍摄和后期特效处理，如图9-1所示。

图 9-1

9.2 键控抠像的基本操作

抠像是通过虚拟技术将背景进行特殊透明叠加。抠像技术与叠加方式紧密相连，叠加类特效主要用于处理抠像效果，对素材进行动态跟踪，并叠加各种不同的素材，是影视编辑与制作中常用的效果。

9.2.1 显示键控特效

打开Premiere Pro 2022"项目"面板，执行"窗口"|"效果"命令，如图9-2所示，打开"效果"面板，展开"视频效果"文件夹，即可显示键控特效。

图 9-2

9.2.2 应用键控特效

在Premiere Pro 2022中，从"项目"面板中将素材拖入"时间轴"面板中的轨道上，如图9-3所示。在"效果"面板中依次展开"视频效果"|"键控"文件夹，选择文件夹中的任意一种键控效果，如图9-4所示，将其拖曳至素材上方即

可应用"键控"效果。

图 9-3

图 9-4

在"效果控件"面板中可以更改"键控"属性，如图9-5所示。

图 9-5

9.3 抠像效果介绍

选择需要进行抠像的素材，进入"效果"面板，在"视频效果"中的"键控"文件夹里可以选择各种抠像效果。Premiere Pro 2022的"键控"

文件夹里提供了5种抠像效果，"过时"文件夹中提供了4种抠像效果，如图9-6所示。

图 9-6

9.3.1 Alpha调整

"Alpha调整"效果可以选择一个画面作为参考，按照所选画面的灰度等级决定画面的叠加效果，并通过调整不透明度得到不同的画面效果，应用前后效果如图9-7所示。

图 9-7

在"效果控制"面板中还可以更改其参数设置，如图9-8所示。

图 9-8

下面介绍"Alpha调整"效果的常用参数。

- 不透明度："不透明度"数值越小，Alpha通道中的图像越透明。
- 忽略Alpha：勾选该复选框时，会忽略Alpha通道。
- 反转Alpha：勾选该复选框时，会将Alpha通道进行反转。
- 仅蒙版：勾选该复选框时，将只显示Alpha通道的蒙版，不会显示其中的图像。

9.3.2 亮度键

"亮度键"效果可以校正素材中较暗的图像区域，调节"阈值"和"屏蔽度"，可以微调效果，应用前后效果如图9-9所示。

图 9-9

在"效果控件"面板中可以进行参数设置，如图9-10所示。

下面介绍"亮度键"效果的常用参数。

图 9-10

- 阈值：可以增加被去除的暗色值范围。
- 屏蔽值：设置素材的屏蔽程度，数值越大，图像越透明。

9.3.3 图像遮罩键

"图像遮罩键"效果可以使用遮罩图像的Alpha通道或亮度值来控制素材的透明区域。在使用"图像遮罩键"效果时，需要在"效果控件"面板中单击"设置"按钮，为其指定遮罩图像，指定的图像将决定最终的显示效果。此外，可以使用素材的Alpha通道或亮度来创建复合效果。

在"效果控制"面板中可以对效果参数进行设置，如图9-11所示。

下面介绍"图像遮罩键"效果的常用参数。

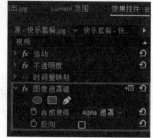

图 9-11

- 设置按钮：单击该按钮，可以在弹出的对话框中选择合适的图片作为遮罩文件。
- 合成使用：包含Alpha遮罩和亮度遮罩两种遮罩方式。
- 反向：勾选该复选框时，遮罩效果将与实际效果相反。

9.3.4 差值遮罩

"差值遮罩"效果在为对象建立遮罩后可建立透明区域，显示出该图像下方的素材文件，应用前后效果如图9-12所示。

图 9-12

在"效果控制"面板中可以对效果参数进行设置，如图9-13所示。

下面介绍"差值遮罩"效果的常用参数。

- 视图：设置合成图像的最终显示效果，包括最

图 9-13

终输出、仅线源、仅限遮罩3种方式。

- 差值图层：设置与当前素材产生差值的层。
- 如果图层大小不同：设置图层是否居中或者伸缩以适合。
- 匹配容差：设置层与层之间的容差匹配值。
- 匹配柔和度：设置层与层之间的匹配柔和程度。
- 差值前模糊：将不同像素块进行差值模糊。

9.3.5 移除遮罩

"移除遮罩"效果可以由Alpha通道创建透明区域，是在红色、绿色、蓝色和Alpha共同作用下产生的。通常，"移除遮罩"效果用来去除黑色或者白色背景，尤其对于处理纯白或者纯黑背景的图像非常有用。

在"效果控制"面板中可以对效果参数进行设置，如图9-14所示。

下面介绍"移除遮罩"效果的常用参数。

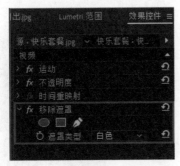
图 9-14

- 遮罩类型：选择要移除的颜色，包括"白色"和"黑色"两种类型。

9.3.6 超级键

"超级键"效果可以使用吸管在画面中吸取需要去除的颜色，操作完成后，该颜色将在画面中消失，应用前后效果如图9-15所示。

图 9-15

在"效果控制"面板中可以对效果参数进行设置，如图9-16所示。

图 9-16

下面介绍"超级键"效果的常用参数。

- 输出：设置素材输出的类型，包括合成、Alpha通道、颜色通道3种类型。
- 设置：设置抠像的类型，包括默认、弱效、强效、自定义4种类型。
- 主要颜色：吸取需要被键出的颜色。
- 遮罩生成：可以自行设置遮罩层的各项属性。
- 遮罩清除：调整遮罩的属性类型，包括抑制、柔化、对比度、中间点4种类型。
- 溢出抑制：调整溢出色彩的抑制，包括降低饱和度、范围、溢出、亮度4种类型。
- 颜色校正：对素材颜色进行校正，包括饱和度、色相、明亮度3种类型。

9.3.7 轨道遮罩键

"轨道遮罩键"效果可通过调节亮度值来定义蒙版层的透明度，应用前后效果如图9-17所示。

图 9-17

在"效果控件"面板中可以对效果参数进行设置，如图9-18所示。

图 9-18

下面介绍"轨道遮罩键"效果的常用参数。

- 遮罩：选择用来跟踪抠像的视频轨道。
- 合成方式：指定应用遮罩的方式，在右侧的下拉列表中可以选择"Alpha遮罩"和"亮度遮罩"选项。
- 反向：勾选该复选框时，可使遮罩反向。

9.3.8 非红色键

"非红色键"效果可以去除蓝色和绿色背景，包括两个选项，可以混合两个轨道素材，应用前后效果如图9-19所示。

图 9-19

在"效果控制"面板中可以对效果参数进行设置，如图9-20所示。

图 9-20

下面介绍"非红色键"效果的常用参数。

- 阈值：调整素材文件的透明程度。
- 屏蔽度：微调键控的屏蔽程度。
- 去边：包括无、绿色、蓝色3种类型。

- 平滑：设置素材文件的平滑程度，包括无、低、高3种类型。
- 仅蒙版：设置素材自身蒙版的状态。

9.3.9 颜色键

"颜色键"效果可以去掉素材图像中所指定颜色的像素，这种效果只会影响素材的Alpha通道，应用前后效果如图9-21所示。

图 9-21

在"效果控件"面板中可以对效果参数进行设置，如图9-22所示。

图 9-22

下面介绍"颜色键"效果的常用参数。

- 主要颜色：设置抠像的目标颜色，默认为蓝色。
- 颜色容差：设置选择的"主要颜色"作透明度。
- 边缘细化：设置边缘的平滑程度。
- 羽化边缘：设置边缘的柔和程度。

9.4 应用案例：鲨鱼遨游特效

本案例将制作一款鲨鱼在天空中遨游的动画。主要运用颜色键和蒙版进行抠像，具体操作步骤如下。

▶01 启动Premiere Pro 2022软件，新建项目，新建序列。

▶02 执行"文件"|"导入"命令，弹出"导入"

对话框，选择要导入的素材，单击"打开"按钮，如图9-23所示。

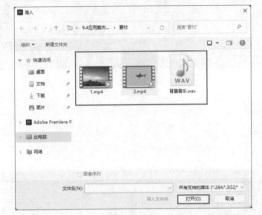

图 9-23

▶03 在"项目"面板中选择"1.mp4"素材，将其拖曳至"节目监视器"面板，如图9-24所示。

图 9-24

▶04 在"时间轴"面板中选中"1.mp4"素材，按住Alt键向上拖动复制一层，放入V3轨道，如图9-25所示。

图 9-25

▶05 进入"效果控件"面板，展开"不透明度"属性，选择"钢笔工具" ✍，在"节目监视器"面板中添加蒙版，如图9-26所示。

图 9-26

▶06 进入"效果控件"面板，在"不透明度"属性中勾选"已反转"复选框，如图9-27所示。此时在"节目监视器"面板中对应的画面如图9-28所示。

图 9-27

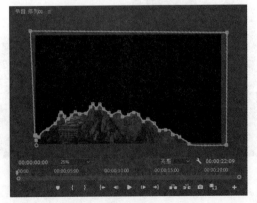

图 9-28

▶07 在"项目"面板中将"2.mp4"素材拖曳至"时间轴"面板，放在V2轨道上，并且调整长度，如图9-29所示。

图 9-29

▶**08** 在"效果"面板中依次展开"视频过渡"|"键控"文件夹，将"超级键"效果拖曳至"2.mp4"素材上方，如图9-30所示。

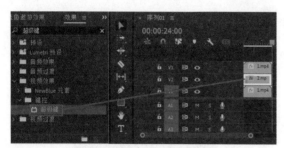

图 9-30

▶**09** 选择V2轨道上的图层，进入"效果控件"面板，展开"超级键"属性，将"主要颜色"改为绿色，如图9-31所示，将"不透明度"属性的"混合模式"改为"强光"，协调画面色调统一，如图9-32所示。

图 9-31　　　　图 9-32

▶**10** 将"背景音乐.wav"素材文件也拖曳至"时间轴"面板，并调整其长度与视频素材一致，如图9-33所示。

图 9-33

▶**11** 在"效果"面板中依次展开"视频过渡"|"溶解"文件夹，将"黑场过渡"效果拖曳至所有视频素材的结尾处，如图9-34所示。

图 9-34

▶**12** 在"效果"面板中依次展开"音频过渡"|"交叉淡化"文件夹，将"指数淡化"效果拖曳至音频素材的结尾处，如图9-35所示。

图 9-35

▶**13** 按Enter键渲染项目，渲染完成后预览效果如图9-36所示。

图 9-36

9.5 应用案例：VR眼镜景象体验

本案例通过抠像来制作VR眼镜景象体验，可以对绿幕抠图进行更深入的学习，具体操作步骤如下。

1. 片头制作

01 启动Premiere Pro 2022软件，新建项目，新建序列。

02 执行"文件"|"导入"命令，弹出"导入"对话框，选择要导入的素材，单击"打开"按钮，如图9-37所示。

03 在"项目"面板中选择"序列01"素材，将其拖曳至"节目监视器"面板，如图9-38所示。

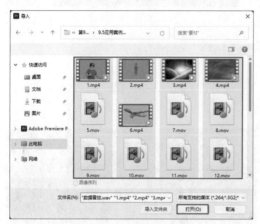

图 9-37

图 9-38

04 在"项目"面板中选择"18.mov"素材，将其拖曳至"时间轴"面板中V2轨道上，并调整大小与长度，展开"不透明度"属性，将"混合模式"改为"滤色"，如图9-39所示。

05 将"17.mp4"和"18.mov"素材进行嵌套，框选两个素材后右击，在弹出的快捷菜单中执行"嵌套"命令，在弹出的"嵌套序列名称"对话框中单击"确定"按钮，如图9-40所示。

图 9-39

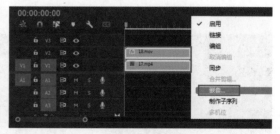

图 9-40

06 选中"嵌套序列01"素材，将时间线移动到（00:00:03:02）位置，给"位置"和"缩放"属性添加关键帧，移动到（00:00:04:22）位置，调整"位置"为（839:171），调整"缩放"为475，如图9-41所示。

07 将时间线移动到（00:00:03:15）位置，给"不透明度"属性添加关键帧，移动到（00:00:04:23）位置，调整"不透明度"为0，如图9-42所示。

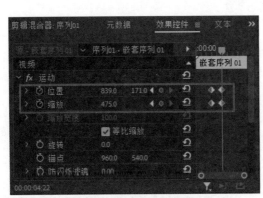

图 9-41　　　　　　　　　　图 9-42

▶08 将时间线移动到（00:00:03:06）位置，在"项目"面板中选择"3.mp4"素材，将其拖曳至"时间轴"面板中V2轨道上时间线后方，如图9-43所示。

▶09 将时间线移动到（00:00:04:24）位置，选择"工具"面板中的"剃刀工具" ，将"3.mp4"素材切割，将后半段移动到V1轨道上，如图9-44所示。

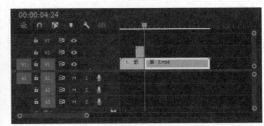

图 9-43　　　　　　　　　　图 9-44

▶10 选中V2轨道上的"3.mp4素材，进入"效果控件"面板，展开"不透明度"属性，选择"创建椭圆形蒙版"工具，在"节目监视器"面板中添加蒙版，调整"蒙版羽化"为200，如图9-45所示。

▶11 将时间线移动到（00:00:03:06）位置，给"蒙版扩展"属性添加关键帧，移动到（00:00:04:23）位置，调整"蒙版扩展"为1200，如图9-46所示。

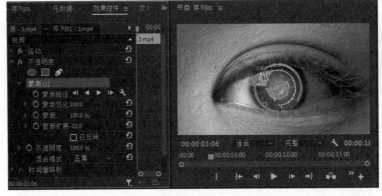

图 9-45　　　　　　　　　　图 9-46

▶12 此时"节目监视器"面板中的片头画面效果如图9-47所示。

图 9-47

2. 添加片段

▶01 在"项目"面板中选择"1.mp4"素材，将其拖曳至"时间轴"面板中V2轨道上，如图9-48所示。

图 9-48

▶02 将时间线移动到（00:00:05:20）位置，在"项目"面板中选择"8.mp4"素材，将其拖曳至"时间轴"面板中V3轨道时间线后方，调整大小、位置和长度，如图9-49所示。

▶03 将时间线移动到（00:00:06:13）位置，在"项目"面板中选择"13.mov"和"14.mov"素材，分别拖曳至"时间轴"面板中V4和V6轨道时间线后方，调整大小、位置和长度，如图9-50所示。

图 9-49

图 9-50

▶04 在"时间轴"面板中框选"8.mov""13.mov"和"14.mov"素材，右击，在弹出的快捷菜单中执行"嵌套"命令，如图9-51所示。

▶05 在"项目"面板中选择"10.mov"和"5.mov"素材，分别拖曳至"时间轴"面板中V4和v5轨道上，与其他视频轨道上的素材结尾对齐，如图9-52所示。

图 9-51

图 9-52

▶06 将时间线移动到（00:00:18:03）位置，在"项目"面板中选择"4.mp4""9.mp4""2.mp4"和"12.mov"素材，依次拖曳至"时间轴"面板中V1、V2、V3、V4轨道时间线后方，并调整长度和大小，如图9-53所示。

▶07 将时间线移动到（00:00:25:00）位置，在"项目"面板中选择"16.mp4"和"6.mp4"素材，将其拖曳至"时间轴"面板中V5轨道时间线后方并调整长度和大小，如图9-54所示。

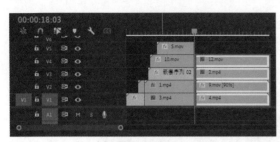
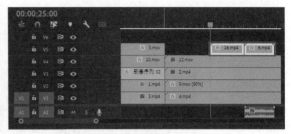

图 9-53　　　　　　　　　　　　　图 9-54

3. 添加效果

▶01 在"效果"面板中依次展开"视频效果"|"键控"文件夹，将"超级键"效果拖曳至"1.mp4"素材上方，如图9-55所示。

图 9-55

▶02 进入"效果控件"面板，设置"超级键"属性的"主要颜色"，单击"吸管"工具按钮，进入"节目"监视器面板，单击绿色部分，选取颜色后，人物将与背景融合，如图9-56所示。

▶03 选中"1.mp4"素材，将时间线移动到（00:00:04:24）位置，给"不透明度"添加关键帧，调整"不透明度"为0，移动到（00:00:05:10）位置，调整"不透明度"为100，如图9-57所示。

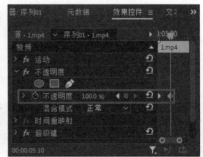

图 9-56　　　　　　　　　　　　　图 9-57

▶04 在"效果"面板中依次展开"视频效果"|"变换"文件夹，将"裁剪"效果拖曳至"嵌套序列02"和"10.mov"素材上方，如图9-58所示。

▶05 选中"10.mov"素材，将时间线移动到（00:00:06:09）位置，进入"效果控件"面板，在"裁剪"属性的"左侧"和"右侧"添加关键帧，调整数值为50，移动到（00:00:07:19）位置，调整数值为0，移动到（00:00:16:12）位置，在"左侧"和"右侧"属性添加关键帧，移动到（00:00:18:02）位置，调整数值为50，如图9-59所示。

图 9-58

图 9-59

▶06 选中"嵌套序列02"素材，将时间线移动到（00:00:16:12）位置，进入"效果控件"面板，在"裁剪"属性的"顶部"和"底部"添加关键帧，移动到（00:00:18:02）位置，调整数值为50，如图9-60所示。

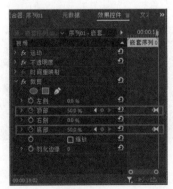

图 9-60

▶07 在"效果"面板中搜索"超级键"效果，拖曳至"2.mp4"素材上方，进入"效果控件"面板，设置"超级键"属性的"主要颜色"，单击"吸管"工具按钮，进入"节目监视器"面板，单击绿色部分，如图9-61所示。

图 9-61

▶08 使用同样的"超级键"效果完成"16.mp4"和"6.mp4"素材抠像，如图9-62所示。

图 9-62

▶09 选中"16.mp4"素材，进入"效果控件"面板，为"不透明度"属性添加一个关键帧，调整"不透明度"为0，移动到（00:00:25:15）位置，调整"不透明度"为100，移动到（00:00:29:17）位置，再添加一个关键帧，数值不变，如图9-63所示。

图 9-63

▶**10** "6.mp4"素材同理，在"位置"和"旋转"属性添加关键帧，制作运动效果，如图9-64所示。

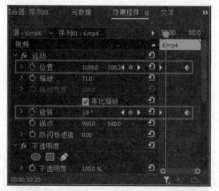

图 9-64

4. 添加音频

▶**01** 在"项目"面板中将"背景音乐.wav"素材拖曳至"时间轴"面板，并调整其长度，如图9-65所示。

图 9-65

▶**02** 根据画面，将"穿梭.wav""数据音效.wav""电报音效.wav""穿过天空.wav""6.mp4"音频拖曳至"时间轴"面板，并调整其长度和位置，如图9-66所示。

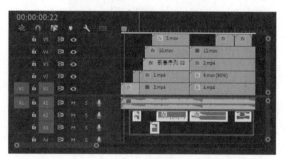

图 9-66

▶**03** 在"效果"面板中依次展开"视频过渡"|"溶解"文件夹，将"黑场过渡"效果拖曳至所有视频素材的结尾处，如图9-67所示。

图 9-67

▶**04** 在"效果"面板中依次展开"音频过渡"|"交叉淡化"文件夹，将"指数淡化"效果拖曳至音频素材的结尾处，如图9-68所示。

图 9-68

图 9-71

▶05 按Enter键渲染项目，渲染完成后预览效果如图9-69所示。

图 9-69

调整素材位置，如图9-72所示，并调整蒙版参数，如图9-73所示。

图 9-72

9.6 拓展练习：海市蜃楼效果

本案例主要利用抠像技巧和蒙版技巧制作天空中出现的高楼大厦的合成景象。打开文件夹，将素材导入，如图9-70所示。将"02.mp4"素材的天空部分和河水部分去掉，如图9-71所示。

图 9-73

渲染后的预览效果如图9-74所示。

图 9-70

图 9-74

综合实例

本章主要结合前9章所讲的知识点，来制作两款不同风格的宣传片，分别是产品宣传片及旅行宣传片，可以商用，也可以用来记录生活。

10.1 产品宣传片

产品宣传片，通常是指商家在各个电商平台上用来展示商品的视频，产品宣传片主要是在互联网及手机上展示和传播，可以在最短的时间内，最有效地让客户了解企业产品的详细特点、优势、与众不同之处，通过鲜明的画面颜色，以及轻快的氛围和引人注目的标题，来提升消费者的购买欲，本案例具有片头、产品信息介绍及片尾等多个视频片段，使用了多种视频效果，具体操作如下。

10.1.1 片头制作

下面介绍宣传片片头的制作方法，具体操作步骤如下。

▶01 启动Premiere Pro 2022软件，在主页中单击"新建项目"按钮，如图10-1所示。

▶02 在弹出的"新建项目"对话框中，输入项目名称并设置项目存储位置，如图10-2所示，完成后单击"确定"按钮。

图　10-1

图　10-2

▶03 执行"文件"|"新建"|"序列"命令，如图10-3所示。在弹出的"新建序列"对话框中，选择合适的序列预设，如图10-4所示，完成设置后，单击"确定"按钮。

图 10-3

图 10-4

>04 在"项目"面板中右击，在弹出的快捷菜单中执行"导入"命令，如图10-5所示。

图 10-5

>05 在"导入"对话框中选择需要的素材，单击"打开"按钮，如图10-6所示。

图 10-6

>06 导入素材后，选择"项目"面板中的"9.mp4"素材，将其拖曳至"时间轴"面板，如图10-7所示。

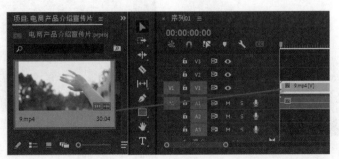

图 10-7

>07 从"项目"面板中依次按照顺序将"9.mp4""24.mp4""1.mp4""4.mp4""6.mp4""12.mp4""11.mp4""7.mp4"素材拖曳至"时间轴"面板，并调整素材长度，如图10-8所示。

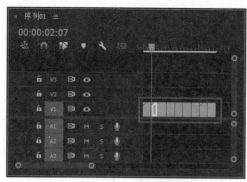

图 10-8

10.1.2 音乐卡点

本节介绍宣传片音乐卡点的制作方法，具体操作步骤如下。

▶01 在"项目"面板中，将"背景音乐.wav"素材拖曳至"时间轴"面板，如图10-9所示。

图 10-9

▶02 添加音乐后，可以通过移动时间线或单击"节目监视器"面板中的"添加标记"按钮（快捷键M），在素材上方添加标记点，如图10-10所示。

图 10-10

▶03 一边试听音乐，一边根据节奏点添加节奏标记。移动时间线，根据节奏点在合适的时间点添加标记，如图10-11所示。

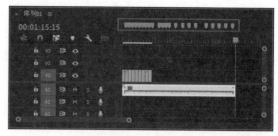

图 10-11

10.1.3 片段剪辑

下面介绍宣传片产品介绍片段的具体操作方法。

▶01 在"项目"面板中，将"18.mp4"素材拖曳至"时间轴"面板，与（00:00:17:15）位置的标记点对应，选择"工具"面板中的"剃刀工具" ，如图10-12所示。

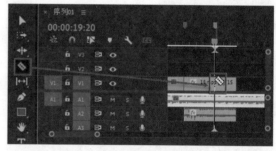

图 10-12

▶02 选中后面多余的素材部分，按Delete键将其删除，如图10-13所示。

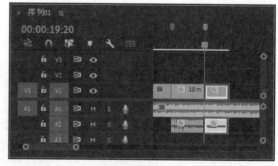

图 10-13

▶03 将"14.mp4"素材拖曳至"时间轴"面板，选中"14.mp4"素材，右击，在弹出的快捷菜单中执行"速度/持续时间"命令，在弹出的"剪辑速度/持续时间"对话框中，设置"速度"为

120%，单击"确定"按钮，调整长度，使其与音乐素材中的标记点一致，如图10-14所示。

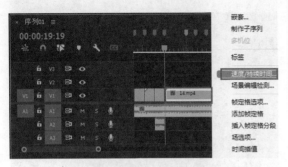

图 10-14

04 依次将素材添加到"时间轴"面板，并调整素材的长度，使其与音乐素材中的标记点一致，如图10-15所示。

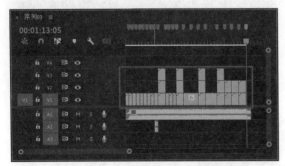

图 10-15

10.1.4 添加效果

下面介绍宣传片中的特效和动画效果的制作方法。

1. 添加抠像效果

01 在"时间轴"面板中选中"25.mp4"素材，进入"效果控件"面板，展开"不透明度"属性，将"混合模式"改为"线性减淡（添加）"，如图10-16所示。

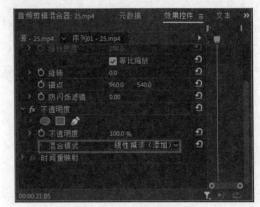

图 10-16

02 在"效果"面板中依次展开"视频效果"|"键控"文件夹，将"超级键"效果拖曳至"21.mp4"素材上方，如图10-17所示。

图 10-17

03 进入"效果控件"面板，设置"超级键"属性的"主要颜色"，单击"吸管"按钮，如图10-18所示。

图 10-18

04 在"节目监视器"面板中单击绿色部分，选取颜色后，得到的画面效果如图10-19所示，根据抠像画面大小调整底层背景图层大小及位置。

图 10-19

05 后续 "17.mp4" "22.mp4" "16.mp4" "20. mp4" 素材同理操作，画面效果如图10-20所示。

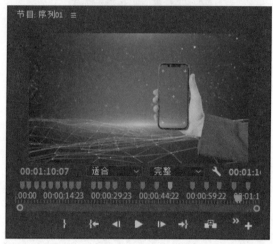

图 10-20

06 在 "效果" 面板中依次展开 "视频效果" | "键控" 文件夹，将 "颜色键" 效果拖曳至 "17.mp4" 素材上方，如图10-21所示。

图 10-21

07 进入 "效果控件" 面板，设置 "颜色键" 属性的 "主要颜色"，单击 "吸管" 按钮，在 "节目" 监视器面板中单击黑色部分，选取颜色，如图10-22所示，调整 "颜色容差" 为10，调整 "羽化边缘" 为3，如图10-23所示。

图 10-22

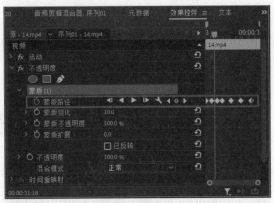

图 10-25

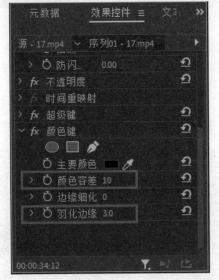

图 10-23

▶10 将时间线移动到（00:00:31:03）位置，选中"嵌套序列01"素材，进入"效果控件"面板，调整"缩放"为112，给"位置"属性添加关键帧，调整"位置"为（1390:360），如图10-26所示，移动到（00:00:33:23）位置，调整"位置"为（340:360），如图10-27所示。

图 10-26

▶08 选中"14.mp4"素材，展开"不透明度"属性，选择"钢笔工具"，在"节目监视器"面板中添加蒙版，如图10-24所示。

图 10-24

图 10-27

▶09 由于"17.mp4"素材画面抠像画面处于运动状态，需要在"蒙版路径"属性添加关键帧，根据"17.mp4"素材旋转画面，调整蒙版大小，如图10-25所示。

▶11 画面效果如图10-28所示。

图 10-28

▶12 在"项目"面板中将"8.mp4"素材拖曳至"时间轴"面板中（00:00:31:03）时间线后方，如图10-29所示。

图 10-29

▶13 在"效果"面板中依次展开"视频效果"|"键控"文件夹，将"颜色键"效果拖曳至"8.mp4"素材上方，如图10-30所示。

图 10-30

▶14 进入"效果控件"面板，设置"颜色键"属性的"主要颜色"，单击"吸管"按钮，进入"节目监视器"面板，单击黑色部分，选取颜色，如图10-31所示，并调整"颜色容差"为155，调整"羽化边缘"为2，如图10-32所示。

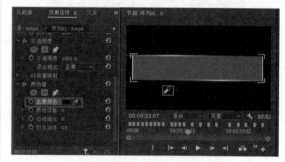

图 10-31

图 10-32

2. 添加3D旋转效果

▶01 选择"14.mp4""17.mp"素材，右击，在弹出的快捷菜单中执行"嵌套"命令，如图10-33所示。

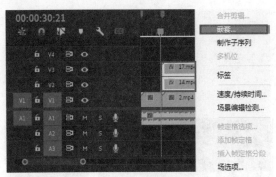

图　10-33

▶02 在"效果"面板中依次展开"视频效果"|"透视"文件夹，将"基本 3D"效果拖曳至"嵌套序列02"素材上方，如图10-34所示。

图　10-34

▶03 将时间线移动到（00:00:31:03）位置，选中"嵌套序列02"素材，进入"效果控件"面板，展开"基本 3D"属性，给"旋转"和"倾斜"属性添加关键帧，调整"旋转"为-44°，调整"倾斜"为-62°，如图10-35所示。

▶04 移动到（00:00:48:14）位置，调整"旋转"为-29.2°，调整"倾斜"为-53.1°，如图10-36所示。

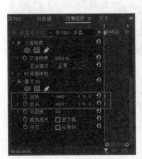

图　10-35　　　图　10-36

▶05 选择"嵌套序列02"素材，进入"效果控件"面板，给"位置"属性添加关键帧，调整"位置"和"缩放"数值，如图10-37所示。

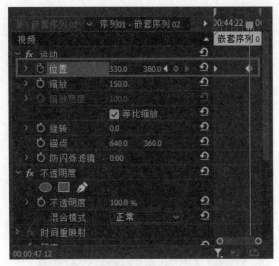

图　10-37

▶06 将时间线移动到（00:00:55:15）位置，"13.mp4"和"17.mp4"素材同理上述操作，画面效果如图10-38所示。

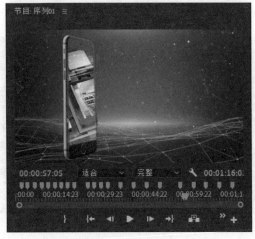

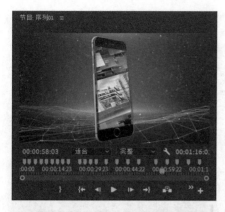

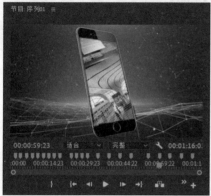

图 10-38

10.1.5 添加文字及图形

下面介绍宣传片中的文字以及图形的制作方法。

▶**01** 在"工具"面板中选择"矩形工具"■，在"节目监视器"面板中单击，按住Shift键，绘制两个正方形，在"基本图形"面板中，将"填充"颜色改为白色，并调整位置、大小及角度，如图10-39所示。

图 10-39

▶**02** 在"工具"面板中选择"钢笔工具"■，在"节目监视器"面板中，单击添加四个控制点，进入"基本图形"面板，取消勾选"填充"复选框，勾选"描边"复选框，设置"描边"为7，另一边同理，如图10-40所示。

图 10-40

▶**03** 在"工具"面板中选择"文字工具"■，在"节目监视器"面板中单击并输入文字，并调整位置和大小，如图10-41所示。

图 10-41

▶**04** 选中V4轨道上的"图形"素材，给"缩放"和"不透明度"属性添加关键帧，调整"缩放"为75，调整"不透明度"为0，如图10-42所示。移动到（00:00:21:14）位置，调整"缩放"为100，调整"不透明度"为100，如图10-43所示。

图 10-42

图 10-43

> **05** 在"工具"面板中选择"文字工具" **T**，在"节目监视器"面板中单击并输入文字，并调整位置和大小，如图10-44所示。

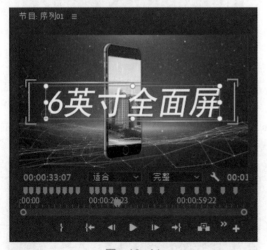

图 10-44

> **06** 选中V3轨道上的"8.mp4"素材和V4轨道上的"字幕"素材，右击，在弹出的快捷菜单中执行"嵌套"命令，如图10-45所示。

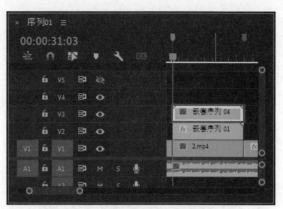

图 10-45

> **07** 选中"嵌套序列04"素材，进入"效果控件"面板，调整"缩放"为55，给"位置"添加关键帧，调整"位置"为（1769:235），移动到（00:00:33:23）位置，调整"位置"为（906，235），如图10-46所示。

图 10-46

> **08** 同理上述操作，添加后续文字，如图10-47所示。

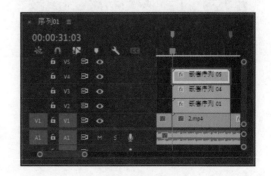

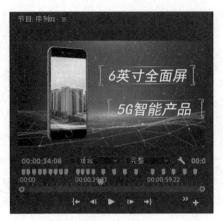

图 10-47

图 10-48

▶09 画面效果如图10-48所示。

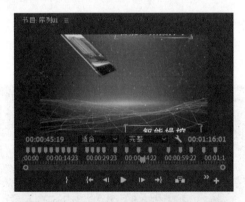

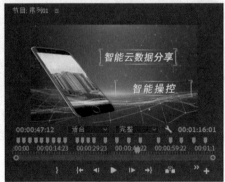

10.1.6 片尾制作

下面介绍宣传片片尾的制作方法。

▶01 将时间线移动到（00:01:08:20）位置，在"工具"面板中选择"文字工具"，在"节目监视器"面板中单击并输入文字，如图10-49所示。

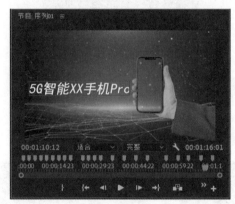

图 10-49

▶02 在"时间轴"面板空白处单击，选择"工具"面板中的"文字工具"，在"节目监视器"面板中输入文字，方便后续对两个字幕做不同的动画效果，如图10-50所示。

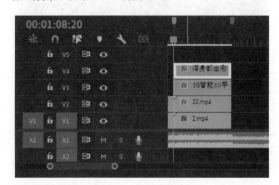

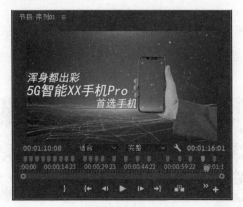

图 10-50

▶**03** 在"效果"面板中，依次展开"视频效果"|"变化"文件夹，将"裁剪"效果拖曳至V3和V4轨道上的字幕素材上方，如图10-51所示。

图 10-51

▶**04** 选中V3轨道上的字幕素材，进入"效果控件"面板，展开"裁剪"属性，将时间线移动到起始位置，给"左侧"和"右侧"添加关键帧，调整"左侧"为30，调整"右侧"为70，移动到（00:01:10:15）位置上，调整"顶部"为0，调整"底部"为40，如图10-52所示。

图 10-52

▶**05** 选中V4轨道上的字幕素材，时间线移动到（00:01:10:15）位置，同理给"顶部"和"底部"添加关键帧，如图10-53所示。

图 10-53

▶**06** 在"时间轴"面板中，框选"2.mp4"和"20.mp4"以及V3、V4轨道上的字幕素材，右击，在弹出的快捷菜单中执行"嵌套"命令，如图10-54所示。

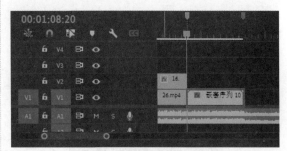

图 10-54

▶**07** 将时间线移动到（00:01:13:05）位置，选择"工具"面板中的"文字工具"，在"节目监视器"面板中单击并输入文字，如图10-55所示。

图 10-55

10.1.7　添加转场

本视频主要采用的是白场过渡、黑场过渡转场效果。

▶️**01** 在"效果"面板中，依次展开"视频过渡"|"溶解"文件夹，将"白场过渡"拖曳至"1.mp4"和"4.mp4"素材中间，如图10-56所示。

图　10-56

▶️**02** 在"时间轴"面板中单击"白场过渡"效果，进入"效果控件"面板，设置"持续时间"为（00:00:00:20）（20帧），如图10-57所示。

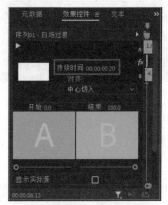

图　10-57

▶️**03** 使用同样的操作，将其他素材添加白场过渡转场效果，如图10-58所示。

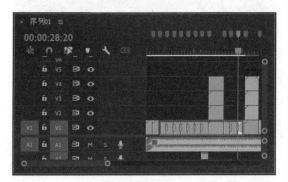

图　10-58

▶️**04** 在"效果"面板中依次展开"视频过渡"|"溶解"文件夹，将"黑场过渡"效果拖曳至"嵌套序列10"和"字幕"素材中间，以及"字幕"素材结尾处，如图10-59所示。

图　10-59

▶️**05** 双击"字幕"素材结尾处的"黑场过渡"效果，在弹出的"设置过渡时间"对话框中设置"持续时间"为（00:00:00:15）15帧，单击"确定"按钮，如图10-60所示。

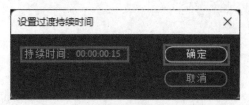

图　10-60

▶️**06** 在"效果"面板中依次展开"音频过渡"|"交叉淡化"文件夹，将"指数淡化"效果拖曳至"背景音乐.wav"素材结尾处，如图10-61所示。

图　10-61

10.1.8　添加音效

下面介绍宣传片音效的添加方法。

▶️**01** 执行"文件"|"导入"命令，弹出"导入"对话框，选择要导入的素材，单击"打开"按钮，如图10-62所示。

图 10-62

▶02 在"项目"面板中，将"拍照音效.mp3"音频素材拖到第一个白场过渡效果下方，如图10-63所示。

图 10-63

▶03 选中"拍照音效.mp3"音频素材，进入"效果控件"面板，取消激活"级别"左侧的"切换动画"按钮 ，并调整"级别"为-10，降低音量，如图10-64所示。

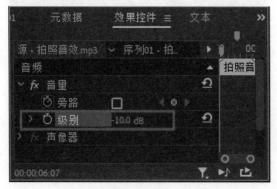

图 10-64

▶04 依次按照类型添加音效，如图10-65所示。

图 10-65

10.1.9 输出视频

所有素材的编辑处理后，可在"节目"监视器面板中预览视频效果。如果对影片效果满意，可以按快捷键Ctrl+S将项目保存，然后将剪辑进行导出，输出为所需格式，便于分享和随时观赏。

▶01 执行"文件"|"导出"|"媒体"命令，或按快捷键Ctrl+M，打开"导出设置"对话框，在"格式"下拉列表中选择"H.264"选项，如图10-66所示。

图10-66

▶02 展开"预设"下拉列表，选择"High Quality 720p HD"选项，如图10-67所示。

图10-67

▶03 单击"输出名称"右侧文字，在弹出的"另存为"对话框中，为输出文件设定名称及存储路径，如图10-68所示，完成后单击"保存"按钮。

图 10-68

▶04 在"导出设置"对话框中还可以在其他选项中进行更详细的设置，设置完成后单击界面右下角的"导出"按钮，影片开始导出，如图10-69所示。

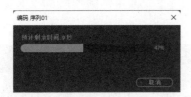

图 10-69

▶05 导出完成后可在设定的计算机存储文件夹中找到输出的MP4格式视频文件，并预览案例的最终完成效果，如图10-70所示。

图 10-70

10.2　旅行宣传片

在本案例制作一个完整的旅行宣传片，包括片头、片尾及背景音乐等，而且使用许多热门的视频效果，如拉镜转场、Glitch转场、手写文字、星空特效等。

10.2.1　片头制作

本节介绍宣传片片头的制作方法，具体操作如下。

▶01 启动Premiere Pro 2022软件，在主页中单击"新建项目"按钮，如图10-71所示。

图 10-71

▶02 在弹出的"新建项目"对话框中，输入项目名称并设置项目存储位置，如图10-72所示，完成后单击"确定"按钮。

图 10-72

▶03 执行"文件"|"新建"|"序列"命令，如图10-73所示。在弹出的"新建序列"对话框中，选择合适的序列预设，如图10-74所示，完成设置后，单击"确定"按钮。

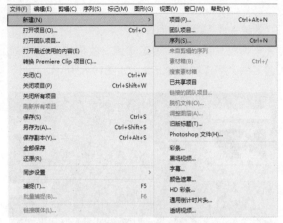

图 10-73

图 10-76

图 10-74

▶04 在"项目"面板中，右击，在弹出的快捷菜单中执行"导入"命令，如图10-75所示。

图 10-75

▶05 进入"导入"对话框，选择需要的素材，单击"打开"按钮，如图10-76所示。

▶06 导入素材后，选择"项目"面板中的"43.mp4"素材，将其拖曳至"时间轴"面板，如图10-77所示。

图 10-77

▶07 在"工具"面板中选择"文字工具" T，在"节目监视器"面板中单击并输入文字，如图10-78所示。

图 10-78

▶08 进入"基本图形"面板，调整文本字体、大小等属性，勾选"阴影"复选框，"不透明度"改为90，"角度"改为120°，"距离"改为15，"大小"改为30，"模糊"改为50，如图10-79所示。

图 10-79

▶09 编辑完成后，在"时间轴"面板中将"字幕"素材移动到V4轨道上，如图10-80所示。

图 10-80

▶10 在"时间轴"面板空白处单击，选择"工具"面板中的"文字工具"，在"节目"监视器面板输入文字，并在V5轨道上自动形成"字幕"素材，如图10-81所示。

图 10-81

▶11 将"57.mov"素材拖曳至"时间轴"面板，在"效果"面板中依次展开"视频效果"|"键控"文件夹，将其中的"轨道遮罩键"效果拖曳至V5轨道上的"字幕"素材上方，如图10-82所示。

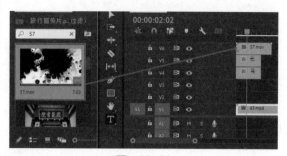

图 10-82

▶12 进入"效果控件"面板，将"遮罩"属性改为"视频6"，将"合成方式"改为"亮度遮罩"，勾选"反向"复选框，如图10-83所示。

图 10-83

▶13 此时在"节目监视器"面板中对应的画面效果如图10-84所示。

图 10-84

10.2.2　音乐卡点

本节介绍宣传片音乐卡点的制作方法，具体操作如下。

▶01 在"项目"面板中，将"背景音乐.wav"素材拖曳至"时间轴"面板，如图10-85所示。

图　10-85

▶02 添加音乐后，可以通过移动时间线或单击"节目监视器"面板中的"添加标记"按钮 ▣（快捷键M），在素材上方添加标记点，如图10-86所示。

图　10-86

▶03 一边试听音乐，一边根据节奏点添加节奏标记。移动时间线，根据节奏点在合适的时间点添加标记，如图10-87所示。

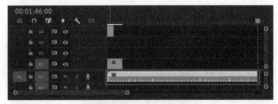

图　10-87

10.2.3　片段剪辑

本节介绍宣传片片段剪辑的具体操作方法。

▶01 在"时间轴"面板中调整"43.mp4"素材，

使其与添加的第一个标记点对应，选择"工具"面板中的"剃刀工具" ▨，如图10-88所示。

图　10-88

▶02 选中后面多余的素材部分，按Delete键将其删除，如图10-89所示。

图　10-89

▶03 将"4.mp4"素材拖曳至"时间轴"面板，并调整其长度，使其与音乐素材中的第2个标记点一致，如图10-90所示。

图　10-90

▶04 依次将素材添加到"时间轴"面板，并调整素材长度，使其与音乐素材中标记点一致，如图10-91所示。

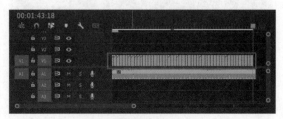

图　10-91

10.2.4 添加转场

本视频主要采用拉镜转场、故障转场、渐变擦除转场等转场效果。

1. 拉镜转场

▶**01** 执行"文件"|"新建"|"调整图层"命令，如图10-92所示。在弹出的"调整图层"对话框中单击"确定"按钮，如图10-93所示。

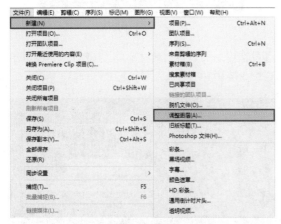

图 10-92

图 10-93

▶**02** 在"项目"面板中选中"调整图层"素材，将其拖曳至"时间轴"面板，如图10-94所示。

图 10-94

▶**03** 调整"调整图层"素材的长度，在第一段素材和第二段素材左右跨度各5帧，如图10-95所示。

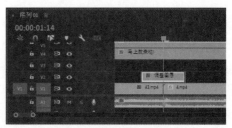

图 10-95

▶**04** 选中"调整图层"素材，按住Alt键向上拖动复制一层，如图10-96所示。

图 10-96

▶**05** 在"效果"面板中依次展开"视频效果"|"风格化"文件夹，将"Replicate（复制）"效果拖曳至第一个"调整图层"素材上方，如图10-97所示。

图 10-97

▶**06** 进入"效果控件"面板，展开"Replicate（复制）"属性，将"Count（计数）"设置为3，如图10-98所示。此时对应的"节目监视器"面板中的画面如图10-99所示。

图 10-98

图 10-99

▶07 在"效果"面板中依次展开"视频效果"|"扭曲"文件夹,将"镜像"效果拖曳至第一个"调整图层"素材上方,如图10-100所示。

图 10-100

▶08 在"效果控件"面板中按住快捷键Ctrl+C复制出3个镜像效果,如图10-101所示。

▶09 设置第一个"镜像"的"反射中心"为(1684:540),"反射角度"为0;设置第二个"镜像"的"反射中心"为(399:540),"反射角度"为180°;设置第三个"镜像"的"反射中心"为(1684:718),"反射角度"为90°;设置第四个"镜像"的"反射中心"为(1684:371),"反射角度"为-90°,如图10-102所示。

图 10-101

图 10-102

▶10 在"效果"面板中依次展开"视频效果"|"扭曲"文件夹,将"变换"效果拖曳至第二个"调整图层"素材上方,如图10-103所示。

图 10-103

▶11 在"时间轴"面板中选中第二个"调整图层"素材,进入"效果控件"面板,更改"缩放"为307,取消勾选"使用合成的快门角度"复选框,并设置"快门角度"为240°,如图10-104所示。

图 10-104

▶12 在"变换"属性的"位置"添加关键帧,将时间线移动到(00:00:01:09)位置,调整"位置"为(720:540),移动时间线到(00:00:02:00)位置,调整"位置"为(-720:540),如图10-105所示。

图 10-105

▶**13** 选择两个"位置"关键帧，右击，在弹出的快捷菜单中执行"临时插值"命令，再执行"缓入"和"缓出"命令，如图10-106所示。

图 10-106

▶**14** 拖动"位置"属性关键帧的控制柄，让画面呈现先慢后快的效果，如图10-107所示。此时对应的画面效果如图10-108所示。

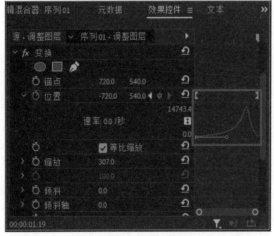

图 10-107

图 10-108

提示 通过更改"变换"选项的"位置""缩放""旋转"等属性可以制作不同的拉镜效果。

2. 故障转场。

▶**01** 在"项目"面板中，将"调整图层"素材拖曳至"时间轴"面板，放入两段素材的中间，左右跨度各5帧，如图10-109所示。

图 10-109

▶**02** 在"效果"面板中依次展开"视频效果"|"画面故障+RGB 分离"文件夹，将"RGB 颜色分离"效果拖曳至"调整图层"素材上方，如图10-110所示。

图 10-110

▶**03** 选中"调整图层"素材，进入"效果控件"面板，展开"RGB 颜色分离"属性，调整"Radius"为50，如图10-111所示。此时对应的"节目监视器"面板中画面如图10-112所示。

图 10-111

图 10-112

▶04 在"RGB 颜色分离"属性中为"Distortion"添加关键帧，将时间线移动到（00:00:05:13）位置，调整"Distortion"为0，移动时间线到（00:00:05:18）位置，调整"Distortion"为60，移动时间线到（00:00:05:23）位置，调整"Distortion"为0，如图10-113所示。

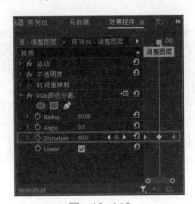

图 10-113

3. 渐变擦除转场

▶01 在"时间轴"面板中选中"15.mp4"和"17.mp4"两段素材，将"23.mp4"素材移动到上一个轨道，并将长度调整至超出"17.mp4"素材20帧，如图10-114所示。

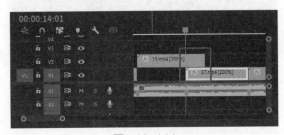

图 10-114

▶02 在"效果"面板中依次展开"视频效果"|"过渡"文件夹，将"渐变擦除"效果拖曳至"15.mp4"素材上方，如图10-115所示。

图 10-115

▶03 进入"效果控件"面板，展开"渐变擦除"属性，将时间线移动到（00:00:14:01）位置，为"过渡完成"添加一个关键帧，数值为0，如图10-116所示。

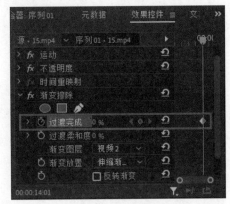

图 10-116

▶04 将时间线移动到（00:00:14:21）位置，再添加一个关键帧，数值设置为100，如图10-117所示。

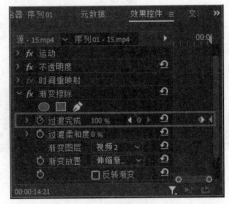

图 10-117

▶05 此时对应的"节目监视器"面板中画面如图10-118所示。

图 10-118

图 10-120

10.2.5 添加特效和文字

下面介绍宣传片中特效和字幕的制作方法。

1. 添加文字

为每个地名添加文字介绍，具体的操作方法如下。

▷**01** 在"工具"面板中选择"文字工具"，在"节目监视器"面板中单击并输入文字，如图10-119所示。

图 10-119

▷**02** 进入"基本图形"面板，调整文字的字体、大小、位置，如图10-120所示。

▷**03** 调整完成后，在"时间轴"面板中调整"橘子"字幕素材长度，如图10-121所示。

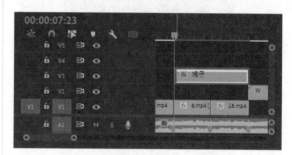

图 10-121

▷**04** 在"效果"面板中依次展开"视频效果"|"生成"文件夹，将"书写"效果拖曳至"橘子"字幕素材上方，如图10-122所示。

图 10-122

▷**05** 选择"橘子"字幕素材，进入"效果控件"面板，调整"画笔大小"为13，将时间线移动到（00:00:07:23）位置，调整画笔位置并创建关键帧，如图10-123所示。

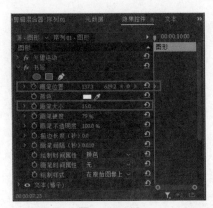

图 10-123

▶06 每移动两帧就给"位置"创建关键帧，并调整"位置"，直到将文字全部书写完，如图10-124所示。

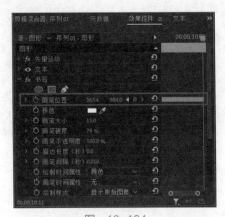

图 10-124

▶07 展开"书写"属性，设置"绘制样式"为"显示原始图像"，如图10-125所示。

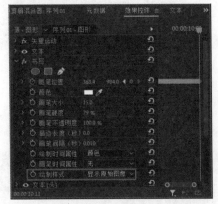

图 10-125

▶08 此时对应的"节目监视器"面板中的效果如图10-126所示。

图 10-126

 参考上述方式添加其他地名。

2. 大雁特效

▶01 在"项目"面板中，将"53..mov"素材拖曳至"时间轴"面板，如图10-127所示。

图 10-127

▶02 在"效果"面板中依次展开"视频效果"|"键控"文件夹，将"超级键"效果拖曳至"53.mov"素材上方，如图10-128所示。

图 10-128

▶03 进入"效果控件"面板，将"主要颜色"更改为绿色，如图10-129所示。此时对应的"节目监视器"面板中的画面如图10-130所示。

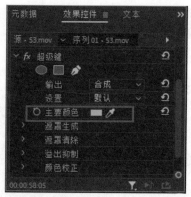

图 10-129

图 10-130

▶04 在"效果控件"面板中展开"运动"属性，调整"缩放"为90，将时间线移动到（00:00:58:05）位置，调整"位置"为（1025:540），如图10-131所示。

图 10-131

▶05 将时间线移动到（00:01:00:00）位置，调整"位置"为（643:340），如图10-132所示。

图 10-132

▶06 此时"节目监视器"面板中对应的画面如图10-133所示。

图 10-133

3. 烟花特效

▶01 在"项目"面板中，将"58.mp4"素材拖曳至"时间轴"面板，如图10-134所示。

图 10-134

▶02 在"效果"面板中依次展开"视频效果"|"键控"文件夹，将"超级键"效果拖曳至"58.mp4"素材上方，如图10-135所示。

图 10-135

▶03 进入"效果控件"面板,将"主要颜色"调整为绿色,如图10-136所示。此时"节目监视器"面板中对应的画面如图10-137所示。

图 10-136

图 10-139

4. 蒸汽波效果

▶01 在"时间轴"面板中将时间线移动到"10.mp4"素材上方,选中"33.mp4"素材,按住Alt键复制两层,如图10-140所示。

图 10-140

▶02 在"效果"面板中依次展开"视频效果"|"过时"文件夹,将"Color Balance(RGB)"效果拖曳至复制得到的两个"10.mp4"素材上方,如图10-141所示。

图 10-137

▶04 进入"效果控件"面板,调整"位置"为(851:229),调整"缩放"为40,如图10-138所示。此时"节目监视器"面板中对应的画面如图10-139所示。

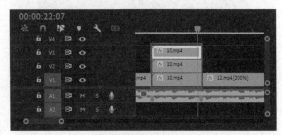

图 10-141

▶03 选中V2轨道上的"10.mp4"素材,展开"Color Balance(RGB)"属性,将"Green"和"Blue"的改为0,如图10-142所示。此时"节目监视器"面板中对应的画面如图10-143所示。

图 10-138

图 10-142

图 10-143

04 选中V3轨道上的"10.mp4"素材,展开"颜色平衡(RGB)"属性,将"Red"和"Green"的改为0,如图10-144所示。此时"节目监视器"面板中对应的画面如图10-145所示。

图 10-144

图 10-145

05 将V2、V3轨道上的"10.mp4"素材的"混合模式"改为"滤色",并调整"位置"为(751:547),如图10-146所示。此时"节目监视器"面板中对应的画面如图10-147所示。

图 10-146

图 10-147

06 在"项目"面板中将"13.mp4"素材拖曳至"时间轴"面板,如图10-148所示。

图 10-148

07 此时的画面太小,选中素材,右击,在弹出的快捷菜单中执行"缩放为帧大小"命令,如图10-149所示。

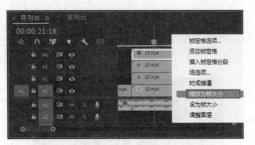

图 10-149

08 选中 "13.mp4" 素材,进入 "效果控件" 面板,将 "混合模式" 改为 "滤色",如图10-150所示。

图 10-150

09 执行 "文件" | "新建" | "调整图层" 命令,在弹出的对话框中单击 "确定" 按钮,在 "项目" 面板中将 "调整图层" 效果拖曳至 "时间轴" 面板,如图10-151所示。

图 10-151

10 在 "效果" 面板中依次展开 "视频效果" | "扭曲" 文件夹,将 "波形变形" 效果拖曳至 "调整图层" 素材上方,如图10-152所示。

图 10-152

11 在 "效果控件" 中调整参数,设置 "波形高度" 为15, "波形宽度" 为1000, "方向" 为180°, "波形速度" 为0.1,如图10-153所示。

图 10-153

12 在 "项目" 面板中,将 "取景器图片.png" 素材拖曳至 "时间轴" 面板,进入 "效果控件" 面板,将 "混合模式" 改为 "滤色",如图10-154所示。

图 10-154

13 此时 "节目监视器" 面板中对应的画面如图10-155所示。

图 10-155

10.2.6 片尾制作

下面介绍宣传片片尾的制作方法。

▶01 在"工具"面板中选择"文字工具" **T**，在"节目监视器"面板中单击并输入文字，在"时间轴"面板中调整长度，如图10-156所示，对应的画面如图10-157所示。

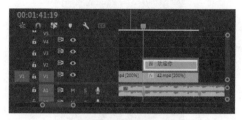
图 10-156

图 10-157

▶02 复制前面制作的故障转场并放入字幕素材结尾处，如图10-158所示。此时"节目监视器"面板对应的画面如图10-159所示。

图 10-158

图 10-159

▶03 在"工具"面板中选择"文字工具" **T**，在"节目监视器"面板中单击并输入文字，如图10-160所示。

图 10-160

▶04 在"效果"面板中依次展开"视频效果"|"扭曲"文件夹，将"波形变形"效果拖曳至素材上方，如图10-161所示。

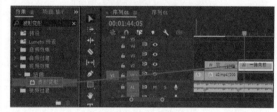
图 10-161

▶05 进入"效果控件"展开"波形变形"属性，调整"波形高度"为0，调整"波形宽度"为1，如图10-162所示。

图 10-162

▶06 将时间线移动到（00:01:43:22）位置，为"波形高度"和"波形宽度"属性添加一个关键帧，如图10-163所示。

图 10-163

▶07 将时间线往后移动两帧，分别更改"波形高度"和"波形宽度"，直到结束位置，如图10-164所示。此时"节目监视器"面板中对应的画面如图10-165所示。

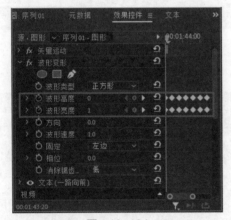

图 10-164

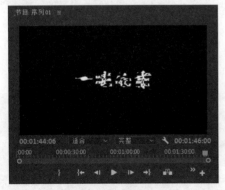

图 10-165

▶08 在"效果"面板中依次展开"视频效果"|"透视"文件夹，将"投影"效果拖曳至素材上方，如图10-166所示。

图 10-166

▶09 进入"效果控件"面板，调整"阴影颜色"为红色，"不透明度"为50%，"方向"为41°，"距离"为18，"柔和度"为24，如图10-167所示。

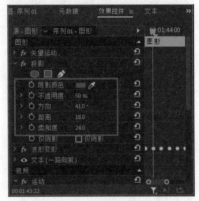

图 10-167

▶10 在"效果控件"中将"投影"选项复制一层，并设置投影"颜色"为蓝色，设置"方向"为90°，设置"距离"为41，如图10-168所示。

图 10-168

▶11 回到"时间轴"面板，按住Alt键将"一路向前"字幕素材复制一层，如图10-169所示。

▶12 进入"效果控件"面板，单击"波形变形"前面的"切换效果开关"按钮 fx，如图10-170所示。

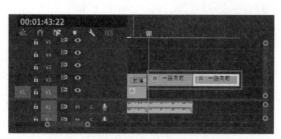

图 10-169

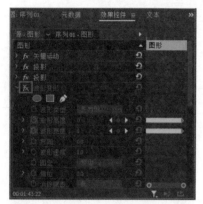

图 10-170

10.2.7 添加音效

下面介绍宣传片音效的添加方法。

▶01 执行"文件"|"导入"命令，弹出"导入"对话框，选择要导入的素材，单击"打开"按钮，如图10-171所示。

图 10-171

▶02 在"项目"面板中，将"转场1.wav"音频素材拖曳至第一个转场下方，如图10-172所示。

图 10-172

▶03 选择"工具"面板中的"选择工具"▶，调整音频长度为11帧，如图10-173所示。

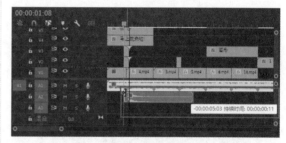

图 10-173

▶04 依次按照类型添加音效，如图10-174所示。

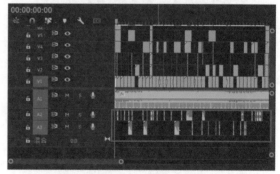

图 10-174

▶05 按Enter键渲染项目，渲染完成后预览效果如图10-175所示。

图 10-175